U0643350

十八项电网重大反事故措施在110kV输变电工程设计中的应用

主　编　白朝晖

副主编　梁战伟　张振革　赵　蕾　屈亚军

中国电力出版社
CHINA ELECTRIC POWER PRESS

内容提要

国家电网有限公司颁布的《十八项电网重大反事故措施》（2018 年版）共计 18 章，内容涉及工程设计、产品制造、建设、运行、检修等环节，从业的单位和个人必须严格遵照执行。

本书是西安众源电力设计有限公司（西安电力设计院）结合西安电网建设的实际，总结出的《十八项电网重大反事故措施》在 110kV 输变电工程设计中的实际应用情况。全书共 13 章，对应《十八项电网重大反事故措施》的第 2、5、6、7、9、10、11、12、13、14、15、16、18 章，内容主要涉及与 110kV 输变电工程设计有关的部分条款，通过文字描述、设计图纸、实物照片等形式对应用情况进行说明。

本书可供电力系统各设计单位以及从事电力工程规划、管理、咨询、施工和运行等专业人员参考使用。

图书在版编目（CIP）数据

十八项电网重大反事故措施在 110kV 输变电工程设计中的应用/白朝晖主编 . —北京：中国电力出版社，2024.7（2025.1重印）

ISBN 978-7-5198-8770-4

Ⅰ.①十… Ⅱ.①白… Ⅲ.①电网-事故预防-安全措施-应用-输电-电力工程-设计 ②电网-事故预防-安全措施-应用-变电所-电力工程-设计 Ⅳ.①TM7 ②TM63

中国国家版本馆 CIP 数据核字（2024）第 069059 号

出版发行：中国电力出版社
地　　址：北京市东城区北京站西街 19 号（邮政编码 100005）
网　　址：http://www.cepp.sgcc.com.cn
责任编辑：安小丹（010—63412367）
责任校对：黄　蓓　朱丽芳
装帧设计：王英磊
责任印制：吴　迪

印　　刷：北京世纪东方数印科技有限公司
版　　次：2024 年 7 月第一版
印　　次：2025 年 1 月北京第二次印刷
开　　本：787 毫米×1092 毫米　16 开本
印　　张：11
字　　数：342 千字
定　　价：68.00 元

版 权 专 有　侵 权 必 究
本书如有印装质量问题，我社营销中心负责退换

本书编委会

主　　编　白朝晖

副 主 编　梁战伟　张振革　赵　蕾　屈亚军

编写人员　范晓林　杨引军　卫娟娟　高　鹏　赵　磊

　　　　　李禹萱　张文君　张　艳　李艳彬　曹合理

　　　　　勾春婵　刘　娜　胡　珍　杜松岩　李　力

　　　　　唐　月　毕　蒙　王　裔　王　昆　郭艳军

　　　　　周翔龙　卜　辉　翟　庆　李宣毅　胡志延

　　　　　李开鑫　苏　闯　李军华

前　言

　　国家电网有限公司颁布的《十八项电网重大反事故措施》（2018年版）共计18章，即：防止人身伤亡事故；防止系统稳定破坏事故；防止机网协调及新能源大面积脱网事故；防止电气误操作事故；防止变电站全停及重要客户停电事故；防止输电线路事故；防止输变电设备污闪事故；防止直流换流站设备损坏和单双级强迫停运事故；防止大型变压器（电抗器）损坏事故；防止无功补偿装置损坏事故；防止互感器损坏事故；防止GIS、开关设备事故；防止电力电缆损坏事故；防止接地网和过电压事故；防止继电保护事故；防止电网调度自动化系统、电力通信网及信息系统事故；防止垮坝、水淹厂房事故；防止火灾事故和交通事故。内容涉及工程设计、产品制造、建设、运行、检修等环节，从业的单位和个人必须严格遵照执行。

　　本书是西安众源电力设计有限公司（西安电力设计院）结合西安电网建设的实际，总结出的《十八项电网重大反事故措施》在110kV输变电工程设计中的实际应用情况。全书共13章，对应《十八项电网重大反事故措施》的第2、5、6、7、9、10、11、12、13、14、15、16、18章，内容主要涉及与110kV输变电工程设计有关的部分条款，通过文字描述、设计图纸、实物照片等形式对应用情况进行说明，书中所附的图纸、照片和说明均为工程实例。

　　本书可供电力系统各设计单位以及从事电力工程规划、管理、咨询、施工和运行等专业人员参考使用。

编著者

2023年12月

目 录

2 防止系统稳定破坏事故

2.1 电源

2.1.1 设计阶段

2.1.1.1 合理规划电源接入点。受端系统应具有多个方向的多条受电通道，电源点应合理分散接入，每个独立输电通道的输送电力不宜超过受端系统最大负荷的 10%～15%，并保证失去任一通道时不影响电网安全运行和受端系统可靠供电。

按照 GB 38755—2019《电力系统安全稳定导则》(替代 DL 755—2001，DL 755—2001 已作废)规定，外部电源宜经相对独立的送电回路接入受端系统，尽量避免电源和送端系统之间的直接联络和送电回路落点过于集中。每一组送电回路的最大输送功率所占受端系统总负荷的比例不宜过大，具体比例可结合受端系统的具体条件来决定。

西安电力设计院在系统设计时，110kV 变电站考虑接入就近 330kV 变电站，形成以 330kV 变电站为中心、分区分片的供电模式，各供电片区正常方式下相对独立，但必须具备事故情况下相互支援的能力；同时，形成双回链式的目标网架结构，以确保电网可靠运行。

2.2 网架结构

2.2.1 设计阶段

2.2.1.1 加强电网规划设计工作，制定完备的电网发展规划和实施计划，尽快强化电网薄弱环节，重点加强特高压电网建设及配电网完善工作，对供电可靠性要求高的电网应适度提高设计标准，确保电网结构合理、运行灵活、坚强可靠和协调发展。

目前西安电网主要问题是 330kV 电源点缺失，造成区域电网结构极为薄弱，新建 110kV 布点接入困难，供电能力及供电可靠性难以保证。西安电网大量 110kV

线路同沟同杆敷（架）设，存在同沟同杆故障后大面积停电风险。三环内供电形势仍然较为紧张。三环内区域电网容载比仅为 1.5，三环外容载比为 1.78。但未来 2~3 年三环内电网项目将主要集中在三环周边，且三环内重要用户较为密集，区域电网供电能力及供电可靠性需尽快提升以满足区域发展需求。

因此，加快 330kV 站点布局，110kV 电网统筹规划，差异发展，城区电网采取"成型一环、定型二环、做强三环、布局外环"，区县电网采取"统筹规划、差异发展"的总体思路。

一环、二环区域属于城市建成区，城市发展和电力需求趋于饱和，土地资源日益匮乏，由于项目落地难等原因，导致当前容载比仍然较低，需加快上级电网和 110kV 变电站布点及建设进度，一次成型目标网架。特别是一环城墙内与政府加强协调，利用公共绿地、广场等区域尽快布局两个左右变电站，彻底解决一环内电源布点问题。二环至三环之间负荷发展迅速，各电压等级应做好统筹布局，做强目标网架，提高供电能力；三环至外环区负荷发展不确定性增加，随着西安中心城市开发建设，应做好战略布局；各区县应统一纳入大西安一体化规划，构建各区相适应的目标电网。

西安电力设计院在系统设计时，对于三环内的变电站，变电容量尽量按照远期规模一次建成，以满足负荷快速发展和电网容载比的要求。

2.2.1.2 电网规划设计应统筹考虑、合理布局，各电压等级电网协调发展。对于造成电网稳定水平降低、短路容量超过断路器遮断容量、潮流分布不合理、网损高的电磁环网，应考虑尽快打开运行。

要满足国民经济发展的需要，电力工业必须先行，因此，做好电力工程建设的前期工作，落实发、送、变电本体工程的建设条件，协调其建设进度，优化其设计方案，意义尤为重大。电力系统规划设计正是电力工程前期工作的重要组成部分，电力系统规划设计工作应在国家产业和能源政策指导下，在国民经济综合平衡的基础上进行。

电力系统发展设计的任务是通过对未来 5~15 年电力系统的发展规模的研究，合理设计电源和电网建设方案，统一和协调发、输、变电工程的配套建设项目，确定设计年度内系统发展的具体实施方案。

变电站在接入电网时，应充分考虑接入系统方案和西安电网网架结构，通过系统潮流计算和短路电流计算，确定相应的系统接线方案、设备选型和运行方式。

电网规划设计遵循以下基本原则：

电力系统应向用户提供充足、可靠和优质的电能，而经济性、可靠性和灵活性是电力系统应该具有的品质，故满足一定程度的经济性、可靠性和灵活性是对规划设计电力系统的基本要求。

1. 电力系统的经济性

电力系统规划设计工作的重点之一就是电网建设的经济性，它包括燃料的输送和供应，电能的生产和输送，发、送、变电设备的一次投资和折旧，能量输送过程中的损耗以及其他运行费用等。由于是规划设计中的系统，系统运行费用是以生产模拟方法来计算的，总的要求是年费用最低。对跨区联网送电工程及远距离送电和建厂等大型系统规划设计项目还应进行项目的财务分析，以确定其贷款偿还能力和经济效益。

2. 电力系统的可靠性

电力系统可靠性的主要内容包括：

（1）对用户供电的充足性。供电的充足性是指系统满足一定数量负荷用电的不间断性。国际上目前已普遍采用电力不足概率（或失负荷概率 LOLP）来作为对电力系统供电充足性的评价标准，我国一直沿用发电装机容量备用率的概念来表征电源的充足程度。

（2）对用户供电的安全性。供电的安全性是指系统在保持向用户安全稳定供电时能够承受故障扰动的严重程度，通常是指规程中规定的故障条件。电力系统发展设计的主要任务之一就是通过电力系统的安全校核计算，包括稳态的 N−1 安全检查和暂态的稳定计算，来保证系统达到一定的安全标准。

3. 电力系统的灵活性

电力系统规划设计阶段将会遇到很多的不确定因素，规划设计完成以后到基本建设项目实施投产，系统中电源、负荷及网络情况还可能发生某些变化，设计系统应该能够在修改不大的情况下仍然满足应有的技术经济指标，这就是电力系统对基本建设条件变化适应的灵活性。

另外，在生产运行中，电网和厂、站电气主接线以及有功、无功电源应该能够在各种正常运行、检修包括事故情况下灵活地调度，以应付各种元件的投退，从而保证系统安全稳定地向用户供应充足的电力，这是对电力系统在运行方面的灵活性要求。在系统设计阶段，这是衡量系统设计方案优劣的重要技术条件之一。

防止短路容量越限的做法如下：

（1）由于西安电网诸多现运行 110kV 变电站主变压器在并列运行时 10kV 母线短路电流接近或者超过开关遮断容量，因此，为提高供电可靠性、简化保护、限制短路电流，新建110kV变电站系统短路电流经过计算后，发现主变压器分裂运行时基本能够满足最小开关遮断电流的要求，但是2台主变压器并列时部分变电站已出现短路容量越限的情况，因此，在变电站主变压器选择时，采用高阻抗变压器，且10kV母线全部分裂运行，高低压侧分段开关均采用备用电源自动投入，在倒换方式时，允许短时并列。

（2）继续进行110kV网架解环工作，降低短路电流。

（3）对西安电网内母线短路电流接近或者超标的变电站，在低压侧加装限流电抗器。

2.2.1.3 规划电网应考虑留有一定的裕度，为电网安全稳定运行和电力市场的发展等提供物质基础，以提供更大范围的资源优化配置的能力，满足经济发展的需求。

DL/T 5218—2012《220kV～750kV变电站设计技术规程》变电站的变压器容量既可按电力系统5～10年发展规划的需要来确定，也可由上一级电压电网与下一级电压电网间的潮流交换容量来确定。变电站内装设2台及以上变压器时，若一组故障或切除，剩下的变压器容量应保证该站全部负荷的70%，在计及过负荷能力后的允许时间内，应保证用户的一级和二级负荷。

此外，按照国家电网有限公司《城市电力网规划设计导则》（2006年版）规定，城网变电容载比一般为：城网负荷中等增长（7%～12%）的220～330kV变电站可取1.7～2.0，35～110kV变电站可取1.9～2.1；城网负荷增长较快（大于12%）的220～330kV变电站可取1.8～2.1，35～110kV变电站可取2.0～2.2。依据西安电网近年的负荷增长速度，西安电网330kV变电站容载比合理取值应为1.7～2.0，35～110kV变电站容载比合理取值应为1.9～2.1。

对于西安电网，三环内容载比不满足导则中的要求，因此，在变电站容量选取时，除考虑发展规划的需要外，还需提升容载比，对于三环内的建成区，变电站按照远期规模一次建成。

2.2.1.4 系统可研设计阶段，应考虑所设计的输电通道的送电能力在满足生产需求的基础上留有一定的裕度。

多年运行经验和国内外事故说明，电网规划必须适度超前建设，送端与受端、输电网与配电网协调配合，这是保证电网安全的前提。依据通道现状及目标网架需求，积极结合西安市一级道路架空线落地项目，西安东北郊 330kV 架空线落地项目、地铁环线建设等重特大项目，落实通道资源。

加强与地市发改委、住建局等政府部门沟通，促请加快道路配建通道建设，制定远景电力通道规划。结合现状电网，按照规划时序，制定科学合理的目标网架过渡方式，逐年改善区域电网结构，实现目标网架。

2.2.1.6 新建工程的规划设计应统筹考虑对其他在运工程的影响。

根据长期的电网运行经验可知，新建输变电工程的投产往往会改变电网原有的潮流分布和安全稳定特性。比如，新建输变电工程一般可以增强网架结构和稳定水平，但也会带来短路电流超标的负面影响。

考虑到新建工程投运对系统特性及其他在运工程可能造成的影响，在规划设计阶段，应详细深入分析新建工程投运对现有电网运行控制策略的影响，并根据工程实际情况开展专题研究。

2.3 稳定分析及管理

2.3.1 设计阶段

2.3.1.1 重视和加强系统稳定计算分析工作。规划、设计部门必须严格按照《电力系统安全稳定导则》（DL 755—2001）和《国家电网安全稳定计算技术规范》（Q/GDW 1404—2015）等相关规定要求进行系统安全稳定计算分析，全面把握系统特性，并根据计算分析情况优化电网规划设计方案，合理设计电网结构，滚动调整建设时序，确保不缺项、不漏项，合理确定输电能力，完善电网安全稳定控制措施，提高系统安全稳定水平。

电力系统运行方式的稳定性是指电力系统受到各种型式的干扰后能够恢复到原来或预期的稳态运行方式的能力。

在电力系统运行参数的某一变化范围内，系统遭到干扰后能保证稳定的，则称为系统运行稳定区。

电力系统稳定计算，大致可分为计算年网络结构的确定、系统元件参数的计算、系统运行方式的选择、计算故障类型的考虑和计算结果分析等几个步骤。

提高电力系统稳定水平的根本措施是加强网络结构，特别在规划设计阶段，如选择合理的输电电压，形成坚强的网架，建立紧密的受端系统等，必要时可根据系统的具体特点，采用一种或几种提高稳定的措施。

在进行新建110kV变电站系统接入时，根据《西安市"十四五"电网规划》后形成的电网网架，从网架结构、可靠性、远期规划适应性和经济性等方面进行比选，选取最优方案作为接入方案。同时，依托西安2030年网架结构，按照陕西网内建成宝鸡、乾县、延安、信义、西安北、西安南、神木和榆横等8座750kV变电站，且330kV电网全面分片运行，在750kV变电站各带一片330kV电网运行的情况下进行相关的电网系统计算，如短路电流和潮流计算等。

2.4 二次系统

2.4.1 设计阶段

2.4.1.1 认真做好二次系统规划。结合电网发展规划，做好继电保护、安全自动装置、自动化系统、通信系统规划，提出合理配置方案，保证二次相关设施、网络系统的安全水平与电网保持同步。

结合电网发展规划，在系统二次设计时，按如下要求执行：

1. 系统继电保护及安全自动装置配置原则

继电保护配置原则按照《继电保护和安全自动装置技术规程》及《国家电网公司输变电工程典型设计（二次系统部分）》的有关规定进行。在满足对安全性、可靠性、灵活性要求的前提下，还应根据电网的具体情况考虑到先进性、经济性和适应性的要求。随着继电保护技术的不断发展，微机保护在电力系统已得到广泛使用。实践证明，微机保护的性能优于其他保护的性能，微机保护便于调试、运行、维护。在设计中，推荐选用已通过鉴定的微机保护装置。

（1）110kV线路保护。

1）每回110kV线路的电源侧配置一套线路保护装置，负荷侧变电站可以不配置线路保护。

2）每回110kV环网线路及电厂并网线路，长度低于10km的短线路宜配置一套全线速动保护。

（2）自动重合闸装置。3kV及以上的架空线路及电缆与架空混合线路，在具有断路器的条件下，如用电设备允许且无备用电源自动投入时，应装设自动重合闸装置。

（3）110kV母联（分段）保护。

1）母联（分段）按断路器配置一套完整、独立的母联（分段）充电保护装置和三相操作箱。

2）充电保护应具有两段相间过电流和一段零序过电流。

（4）故障录波装置。为了分析电力系统事故和安全自动装置在事故过程中的动作情况，以及迅速判定线路故障点的位置，应在 110kV 重要变电站装设专用故障记录装置。

（5）低频低压减载装置。电力系统中应设置限制频率降低的控制装置，以便在各种可能的扰动下失去部分电源（如切除发电机、系统解列等）而引起频率降低时，将频率降低限制在短时允许范围内，并使频率在允许时间内恢复至长时间允许值。

2. 系统继电保护及安全自动装置配置方案

（1）110kV 线路保护。每回线路两侧各配置一套光纤差动保护作为主保护，距离、零序、过流作为后备保护；两侧保护装置型号、版本保持一致。分相电流差动保护采用专用纤芯光纤通道。

（2）重合闸方式。所有新建及改建线路需具备重合闸功能，重合闸功能根据调度令投退。

（3）故障录波及网络分析记录装置。变电站配置一面微机故障录波及网络分析记录装置柜。全站宜统一配置故障录波装置；录波装置应记录所有过程层 SV、GOOSE 网络报文；网络报文分析装置宜记录过程层 GOOSE、站控 MMS 网络的信息。当采样报文采用网络方式传输时，网络报文记录分析装置宜记录采样值报文；故障录波装置应至少记录双 A/D 数字采样信号中用于保护判据的一组数据。

（4）母线分段保护。电气主接线为单母线分段接线，配置一面母线分段保护装置柜，包括母线分段保护及分段操作箱。

（5）母差保护。根据《陕西 110kV 电网继电保护配置及整定规定（试行）》第四章第十三条规定：110kV 变电站 110kV 母线应配置一套母差保护，含断路器失灵保护功能。

（6）安全自动装置。电力系统的安全运行，除与一次系统的网架结构以及继电保护的快速、正确动作有关外，还应装设安全自动装置，以防止系统稳定破坏或事故扩大，造成大面积停电或对重要用户的供电长时间中断。

根据《电力系统安全稳定控制技术导则》的要求，变电站应具备低频低压减载功能。在事故情况下，按照负荷的重要程度，分轮次断开次要负荷，保证重要负荷的供电。变电站需配置低频低压减载装置一套。

（7）为解决西安电网目前 110kV 电网环网运行带来的安全风险，根据陕西省电力公司《关于 110kV 电网解环需增加备自投装置的紧急通知》，接入 330kV 变电站的 110kV 变电站可开环的环网中需增加备自投装置。备自投装置应具备自动识别一次运行方式的能力，从而实现自适应备自投的功能。

（8）按照 Q/GDW 11361—2017《智能变电站保护设备在线监视与诊断装置技术规范》的要求，建议 110kV 变电站增加保护在线监视与诊断装置一套。

> **2.4.1.2** 稳定控制措施设计应与系统设计同时完成。合理设计稳定控制措施和失步、低频、低压等解列措施，合理、足量地设计和实施高频切机、低频减负荷及低压减负荷方案。

目前西安电网已经配置了一定规模的过负荷安全稳定控制系统、备自投装置和集中式微机型低频低压减载装置，这些设备的加装，大大提高了西安电网供电的可靠性。

目前在电力系统二次设计时，也会按照要求配置相应的稳定控制装置。如某站在批复中要求配置低频低压减载装置。

> **2.4.1.3** 加强 110kV 及以上电压等级母线、220kV 及以上电压等级主设备快速保护建设。

根据《陕西 110kV 电网继电保护配置及整定规定（试行）》第四章第十三条规定：110kV 变电站 110kV 母线应配置一套母差保护，含断路器失灵保护功能。

在变电站系统二次设计时已按照此要求执行，全站增加一套母线差动保护装置。如某站在批复中要求配置 110kV 母线差动保护装置。

2.5 无功电压

2.5.1 设计阶段

2.5.1.1 在电网规划设计中，必须同步进行无功电源及无功补偿设施的规划设计。无功电源及无功补偿设施的配置应确保无功电力在负荷高峰和低谷时段均能分（电压）层、分（供电）区基本平衡，并具有灵活的无功调整能力和足够的检修、事故备用容量。对输（变）电工程系统无功容量进行校核并提出无功补偿配置方案。受端系统应具有足够的无功储备和一定的动态无功补偿能力。

1. 无功补偿的概念

电流电压随着时间按正弦规律周期变化的交流电力系统，是当今有效利用能源、方便传输能源、灵活使用能源的有力工具。与直流系统相比，交流系统中除有功电源和有功负荷（电阻元件）外，还伴有感性元件和容性元件。当交流电力系统处于运行状态，电流通过感性和容性元件时，其感性容量和容性容量与有功电源和有功负荷一样也处在某一平衡状态。按有功电源和有功负荷的存在形式，通常习惯把感性容量（包括感性运行）视作无功负荷，把容性容量（包括容性运行）视作无功电源。这样，交流电力系统中，就可看成为有功电源负荷和无功电源负荷两个并存且不可分割的电力系统。在运行、设计、监测、管理中，借助功率因数把有功系统和无功系统有机地联系起来，形同一个整体。如果说，交流系统运行的目的是传输和消费能源，那么无功系统运行就是为此而不可缺少的手段。它的存在保持了交流电力系统的电压水平，保证了电力系统的稳定运行和用户的供电质量，并使电网传输电能的损失最小。

2. 无功电源不足对系统的影响

无功电源不足，即无功补偿容量不能满足无功负荷的需要，无功电源和无功负荷处于低电压的平衡状态。由于电力系统运行电压水平低，会给电力系统带来一系列危害。

（1）设备出力不足。

线路和变压器允许的通过容量降低；发电厂出力降低，电压降低 $10\% \sim 15\%$，有功和无功出力均减少 $10\% \sim 15\%$。

（2）电力系统损耗增加。

线路、变压器有功损耗和无功损耗均增加。如线路电压平均降低 15%，线路损耗增加约 32%。

（3）设备损坏。

由于电压低，用户电动机出力降低。如电压降低 20%，电动机转矩减少 36%，电流增加 $20\% \sim 25\%$，设备温度升高 $12\% \sim 15\%$。电压再低，则电动机轴功率不足，被迫停转，绕组过电流，甚至烧毁设备。

电压低 10% 时，日光灯寿命缩短 10%，低 20% 时，则难以启动点燃。

（4）电力系统稳定度降低。

无功补偿容量不足，迫使发电机无功出力加大，受端系统电压被迫降低，当送电线路发生故障时，受端系统因无功电源严重不足，电压进一步降低，如果电压低到额定电压的 70% 以下，就可能引起电压崩溃事故，造成大面积停电。

无功电源容量充裕，但运行管理不当时，也会引起电压过高的危险。诸如，设备绝缘轻则降低寿命，重则击穿烧毁；引起设备过励磁，电流增大产生谐波和引起设备升温；照明设备寿命骤降等。

3. 无功补偿设计

（1）无功补偿的原则。

无功补偿应按国家有关规定执行，主要内容有：

1）电力系统的无功电源和无功负荷，在高峰和低谷时都应采用分（电压）层和分（供电）区基本平衡的原则进行配置和运行，并应具有灵活的无功调节能力与检修备用。

2）电力系统应有事故无功电力备用，以保证负荷集中区在正常运行方式下，突然失去一回线路，或一台最大容量无功补偿设备，或本地区一台最大容量发电机（包括发电机失磁）时，能保持电压稳定和正常供电，而不致出现电压崩坏。

（2）按电压原则进行补偿。

并联电容补偿的最基本要求是：满足负荷对无功电力的基本需求，使电力系统电压运行在规定的范围内，以保证电力系统运行安全和可靠。当电厂出线电压在 220kV 及以下时，其母线电压一般不宜高于额定电压的 10%。因此，各级电网的送受端允许有 10% 的电压降。线路压降越大，输送无功电力越多。从利用发电机无功容量考虑，按电压原则进行无功补偿，可以让线路多输送些无功电力给受端。这一原则适用于无功补偿容量小、尚不能按经济补偿原则来要求的电力系统。按电压原则补偿，使电网中无功流动量加大和流动距离增加，电网有功损耗也相应提高。

（3）按经济原则进行补偿。

在电力系统无功补偿设备充裕，电网运行管理水平较好的情况下，并联无功补偿应按减少电网有功损耗和年费用和最小的经济原则进行补偿和配置，即就地分区分层平衡。500(330)kV 与 220(110)kV 电网层间，应提高运行功率因数，甚至不交换无功。一个供电局（电业局）是一个平衡区，一个 500kV 变电站可作为一个供电区，35～220kV 变电站均可作为一个平衡单位，以防止地区间变电站间无功电力大量窜动。对用户则要求最大有功负荷时，功率因数补偿到 0.98～1.0，而且要求补偿容量随无功负荷的变化及时调整平衡，不向系统送无功。

（4）无功补偿优化。

经济合理地配置无功补偿设备，是电力系统经济运行和节省电力建设投资的重要方面。但要做出最佳补偿容量和配置方案，其计算工作量很大，在无计算机的年代这一工作无条件开展，目前现代计算工具已给进行无功补偿优化工作提供了物质基础。

在满足电压和其他安全约束条件下，无功补偿优化的目标函数一般有两种选择：

1) 以达到全系统网损最小为目标。

运行的电力系统，无功总补偿量可视为常数，而负荷潮流却在不断变化，要使系统运行网损最小，对各补偿点的无功配置量应根据各种运行方式不断修正，即不断调节其出力才能收到效果。以全系统网损最小为目标的无功补偿优化，可提出大负荷、小负荷等各种运行方式的无功补偿最优配置方案，以满足运行部门调整无功补偿量的需要。

2) 以经济效益最大为目标。

在合理补偿的前提下，电网增加补偿容量后，电压质量提高，网损降低，但增加补偿容量需投入资金。因此，降低网损和节省投资两者有益综合经济效益。优化的结果是经济效益最大，年费用支出最少。以经济效益最大为目标的无功补偿优化，适合无功规划配置设计，以确定无功补偿量和分布地点。

2.5.1.2 无功电源及无功补偿设施的配置应使系统具有灵活的无功电压调整能力，避免分组容量过大造成电压波动过大。

各系统无功功率应自行平衡，不应考虑大容量、远距离无功功率的输送，将系统间联络线输送的无功功率控制到最小。随着无功补偿设备制造技术水平的提高，单组容量越来越大，若变电站内配置无功补偿的单组容量过大，将会给运行带来影响。

在系统中投切一组无功补偿装置时，投切点附近的电压会产生波动，若单组无功补偿容量较小，电压波动幅值在电气设备运行允许范围内，则投切是安全的；若单组无功补偿容量较大，电压波动幅值超过电气设备运行允许范围，将威胁设备安全，影响系统的安全稳定运行。Q/GDW 1212—2015《电力系统无功补偿配置技术导则》（简称《导则》）给出了无功补偿装置的容量限制要求。

35～110kV 变电站一般在变压器低压侧配置并联无功补偿装置，使高峰负荷时变压器高压侧的功率因数达到 0.95 及以上，无功补偿容量应经计算确定，一般取主变压器容量的 10%～30%。并联电容/电抗器宜分组，但单组容量不宜过大，便于采用分组投切，以更好地调整电压和避免投切振荡。

目前对于西安电网的 110kV 新建变电站，单台主变压器容量 63MVA 时，10kV 侧无功补偿按照 2×5000kvar 电容器组配置；单台主变压器容量 50MVA 时，10kV 侧无功补偿按照 2×4000kvar 电容器组配置。

5 防止变电站全停及重要客户停电事故

5.1 防止变电站全停事故

5.1.1.1 变电站站址应具有适宜的地质、地形条件,应避开滑坡、泥石流、塌陷区和地震断裂带等不良地质构造。宜避开溶洞、采空区、明和暗的河塘、岸边冲刷区、易发生滚石的地段,尽量避免或减少破坏林木和环境自然地貌。

变电站选址时会经过现场实地勘察,资料收集及地质勘探工作,避开各种不良地质,并尽量避免破坏林木和自然地貌。

5.1.1.2 场地排水方式应根据站区地形、降雨量、土质类别、竖向布置及道路布置,合理选择排水方式。

场地排水根据站址地形、西安市降水量、土质进行竖向布置,采用平坡式。

5.1.2.2 对软土地基的场地进行大规模填土时,如场地淤泥层较厚,应根据现场的实际情况,采用排水固结等有效措施。冬季施工,严禁使用冻土进行回填。

西安市绝大多数地质为湿陷性黄土地区,基坑施工会采取放坡或者支护等措施,防止基坑塌方。冬季施工,采用素土回填,不能采用冻土回填。

5.1.2.3 变电站建设中,应建立可靠的排水系统;在受山洪影响的地段,应采取相应的排洪措施。

变电站建设时,在市区内,站内雨水采用有组织排水;市区外无市政管网地区,采用自然散排的方式。受山洪影响的地段,站址四周采用防洪排水渠等措施。

5.2 防止站用交流系统失电

5.2.1 设计阶段

5.2.1.1 变电站采用交流供电的通信设备、自动化设备、防误主机交流电源应取自站用交流不间断电源系统。

在设计中，全站通信设备、自动化设备（如：监控主机、数据通信网关机、双平面调度数据网装置等）、智能防误主机交流电源均引接至交直流一体化电源系统UPS电源。

> **5.2.1.3** 110(66)kV及以上电压等级变电站应至少配置两路站用电源。装有两台及以上主变压器的330kV及以上变电站和地下220kV变电站，应配置三路站用电源。站外电源应独立可靠，不应取自本站作为唯一供电电源的变电站。

装有两台及以上主变压器的110kV变电站，至少配置两路电源，可分别取自本站不同主变压器；或一路取自本站主变压器，另一路取自站外可靠电源。

装有一台主变压器的变电站，配置两路电源，一路取自本站主变压器，另一路取自站外可靠电源。

站外电源独立可靠，本站全停时站外电源仍能可靠供电。

> **5.2.1.4** 当任意一台站用变压器退出时，备用站用变压器应能自动切换至失电的工作母线段，继续供电。

110kV变电站任意一台站用变压器退出时，备用站用变压器通过ATS自动切换至失电的工作母线段继续供电。ATS自动切换系统示意图如图5-1所示。

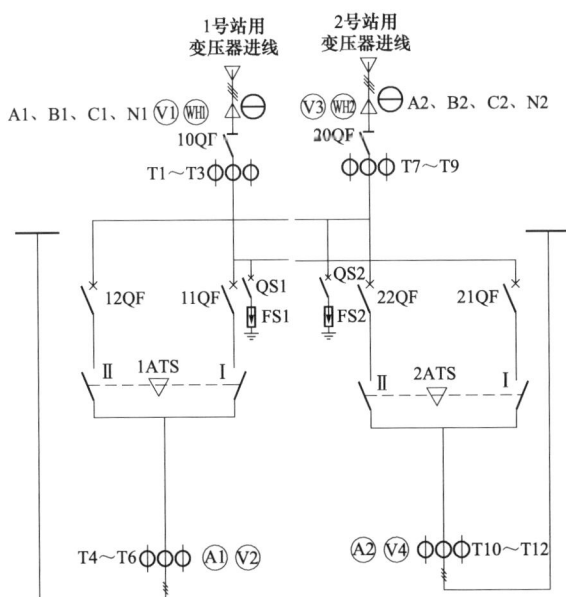

图5-1 ATS自动切换系统示意图

5.2.1.6 新投运变电站不同站用变压器低压侧至站用电屏的电缆应尽量避免同沟敷设，对无法避免的，则应采取防火隔离措施。

不同站用变压器的低压电力电缆同沟敷设时，若该电缆沟内发生火灾，站用电缆可能同时起火，引起全站交流电源全停。

1、2 号站用变压器低压侧电缆由不同路径敷设至站用屏，并选用耐火电缆。

对无法避免同沟敷设的站用变压器低压侧电力电缆，采取分侧布置，并使用防火隔板或防火涂料等防火措施。

站用变压器低压侧电缆敷设示意图如图 5-2 所示。

5.2.1.7 干式变压器作为站用变压器使用时，不宜采用户外布置。

干式站用变压器的固体绝缘材料在低温环境下会产生裂纹，影响安全运行。应采取室内布置，加设采暖措施，并加强室内温度检测。

干式站用变压器柜内布置时，一旦起火，将直接影响到其他配电屏柜和设备安全，故有条件的情况下，应尽量将干式站用变压器独立布置；若为柜内布置，应尽量将站用变压器柜布置于整排柜的首尾端部，柜内站用变超温、火灾等报警功能应完善。

干式站用变压器户内布置示意图如图 5-3 所示。

5.2.1.9 站用交流母线分段的，每套站用交流不间断电源装置的交流主输入、交流旁路输入电源应取自不同段的站用交流母线。两套配置的站用交流不间断电源装置交流主输入应取自不同段的站用交流母线，直流输入应取自不同段的直流电源母线。

在设计中，站用交流 UPS 电源的交流主输入及旁路输入均取自不同段的站用交流母线，直流输入均取自不同段的直流电源母线。

站用交流母线示意图如图 5-4 所示。

5.2.1.10 站用交流不间断电源装置交流主输入、交流旁路输入及不间断电源输出均应有工频隔离变压器，直流输入应装设逆止二极管。

站用交流 UPS 电源的交流主输入、旁路输入及 UPS 电源输出均装设工频隔离变压器，直流输入装设逆止二极管，如图 5-5 所示。

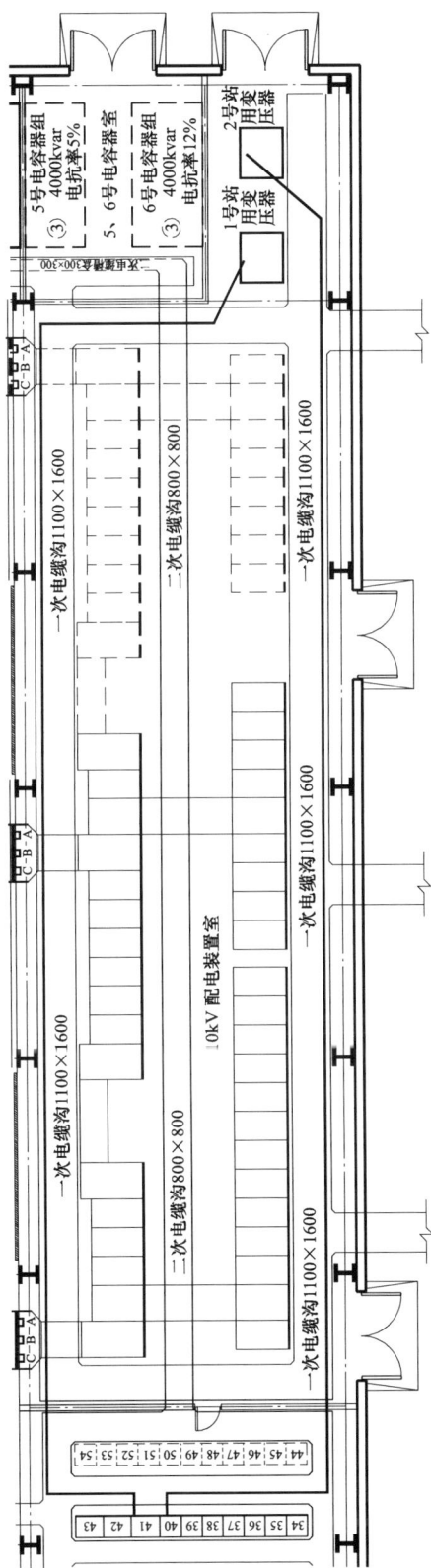

图 5-2 站用变压器低压侧电缆敷设示意图

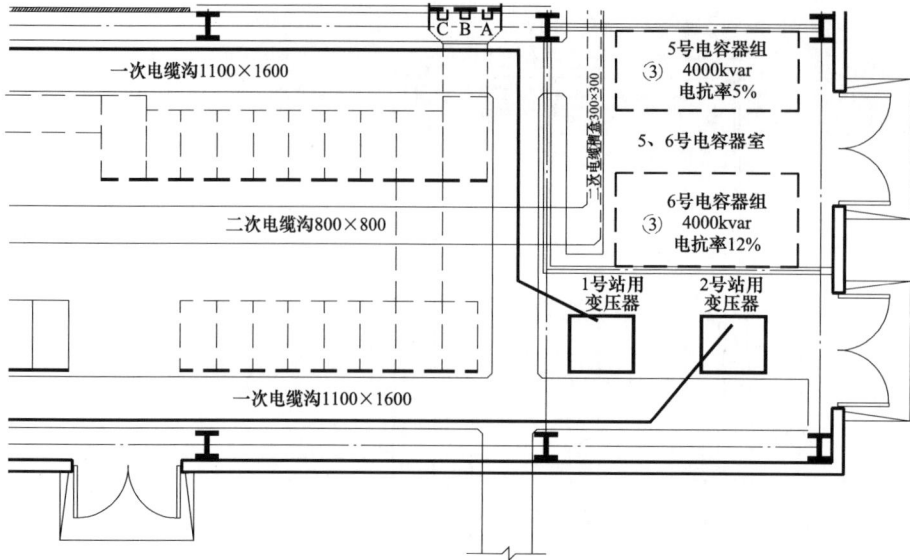

图 5-3　干式站用变压器户内布置示意图

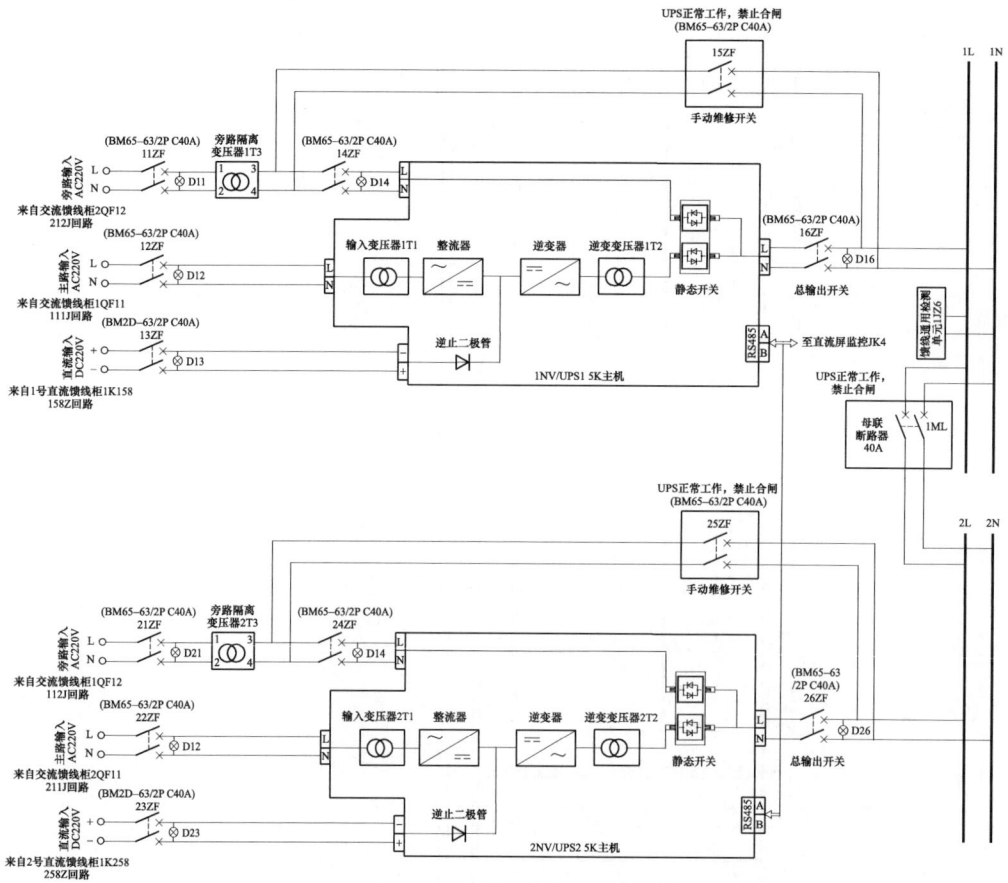

图 5-4　站用交流母线示意图

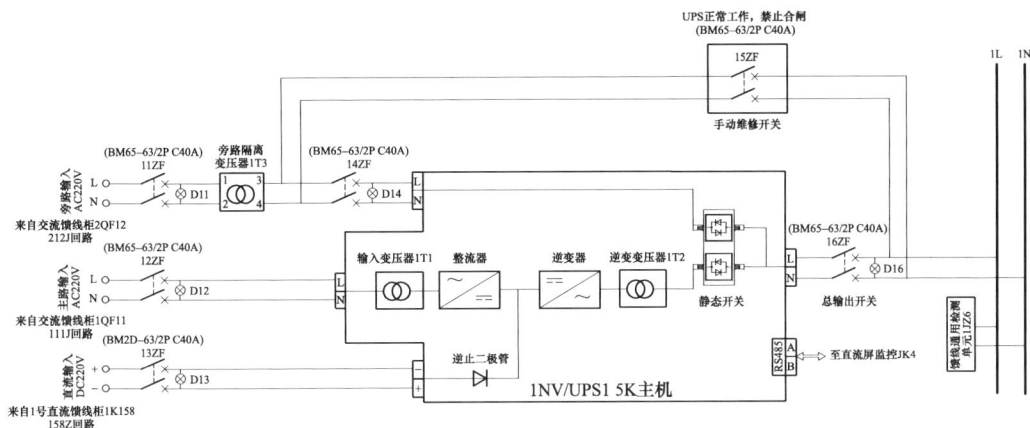

图 5-5　逆止二极管示意图

5.2.1.11 双机单母线分段接线方式的站用交流不间断电源装置，分段断路器应具有防止两段母线带电时闭合分段断路器的防误操作措施。手动维修旁路断路器应具有防误操作的闭锁措施。

（1）2 台 UPS 组成双机双母线带母联的接线方式。正常运行时，各台 UPS 带各段交流母线独立运行。交流输入正常时，由交流输入经整流、逆变后向负载供电；当交流失电后，由直流输入经逆变向负载供电；当交、直流输入异常或逆变部件故障时，由静态旁路断路器转至内部旁路供电。

（2）UPS 正常运行时，1ML 母联断路器严禁闭合；当任一台 UPS 完全退出维修时，1ML 母联断路器才能闭合。

（3）每台 UPS 设外部维修旁路断路器，15ZF（25ZF）断路器的动断辅助接点引至 UPS 背板逆变/旁路控制接点端子（动断点），保证在手动合上维修旁路断路器时，UPS 已工作在旁路状态，从而避免因人为误合造成的装置损坏。

不间断电源防误操作系统示意图如图 5-6 所示。

5.2.1.12 站用交流电系统进线端（或站用变低压出线侧）应设可操作的熔断器或隔离开关。

在变压器低压侧桩头与连接导体搭接处增设可操作的熔断器或隔离开关，主要出于以下三点考虑：

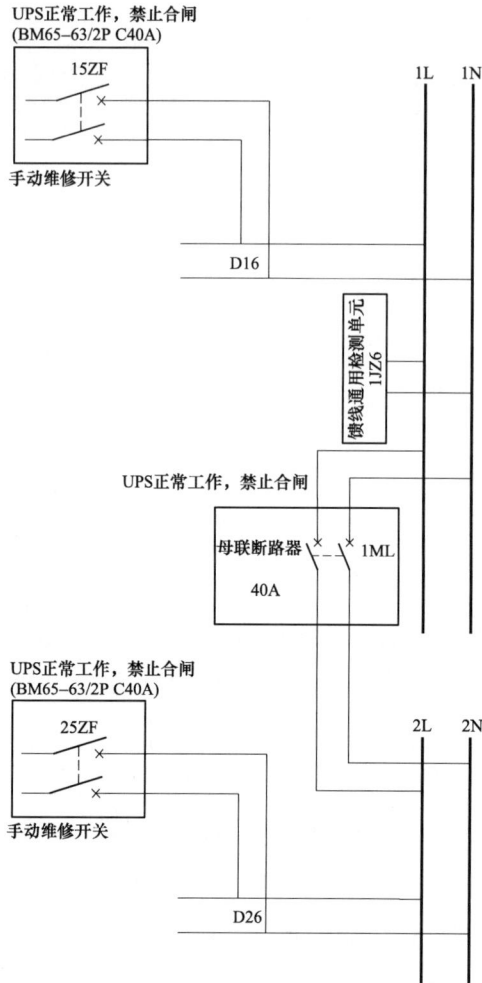

图 5-6　不间断电源防误操作系统示意图

（1）保护站用交流电源系统进线导体（多指电缆）。

（2）在进线侧增加断开点，使运行方式更加灵活。

（3）站用变检修时，提高工作安全性。

5.3　防止站用直流系统失电

5.3.1　设计阶段

5.3.1.1　设计资料中应提供全站直流系统上下级差配置图和各级断路器（熔断器）级差配合参数。

在交直流一体化电源部分图纸中，根据变电站负荷统计及相关规程要求，经计算，得出各级熔断器级差配合参数，如图 5-7 所示。

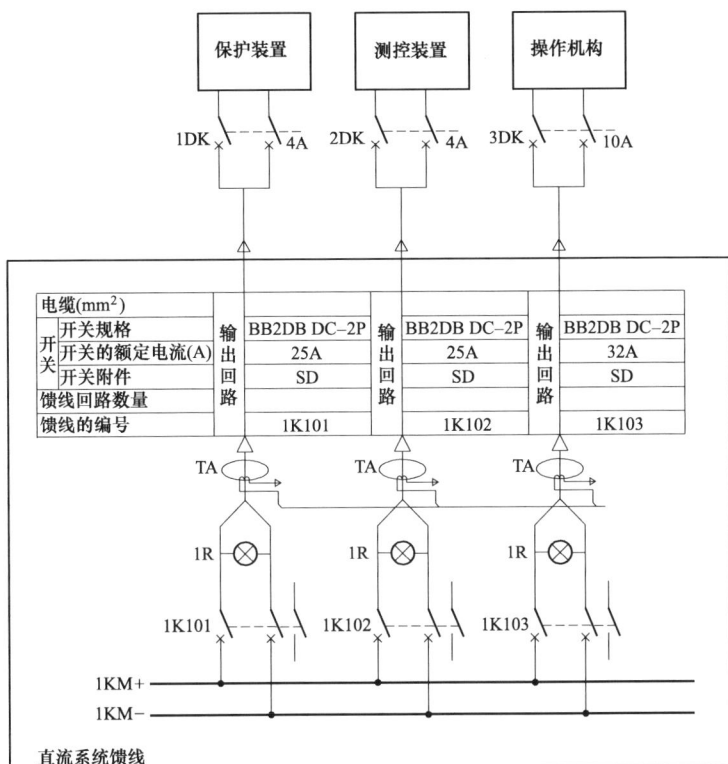

图 5-7 级差配合示意图

5.3.1.3 新建变电站 300Ah 及以上的阀控式蓄电池组应安装在各自独立的专用蓄电池室内或在蓄电池组间设置防爆隔火墙。

根据《电网设备技术标准差异条款统一意见》，虽然阀控式铅酸蓄电池在正常运行过程中基本没有氢气泄漏，但在均衡充电，特别是浮充充电时，仍会发生氢气泄漏，此时如果蓄电池组安装于主控室且没有良好的通风，泄漏的氢气聚集后有极高的爆炸和起火风险，危及主控室内其他保护屏的安全运行。因此，应将阀控式铅酸蓄电池组放置于用专用蓄电池室内。

目前 110kV 变电站通用设计方案中，通信电源采用 300Ah 蓄电池组，站用电源采用 500Ah 蓄电池组。将 300Ah 通信蓄电池组与 500Ah 站用蓄电池组分别布置在专用蓄电池室内，如图 5-8 所示。

5.3.1.4 蓄电池组正极和负极引出电缆不应共用一根电缆，并采用单根多股铜芯阻燃电缆。

19

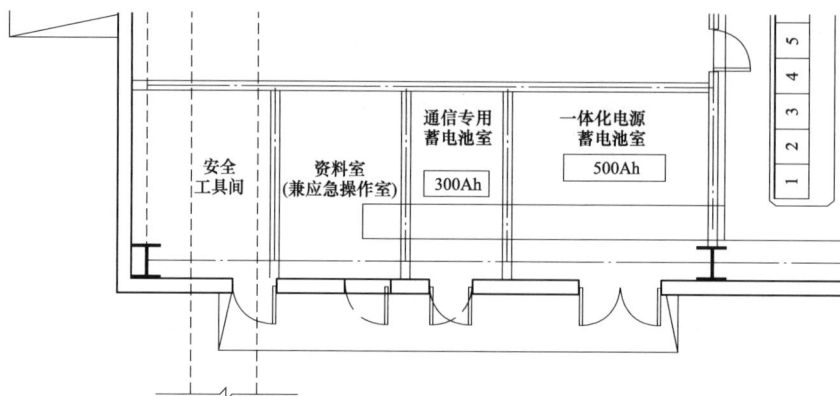

图 5-8　蓄电池组布置示意图

蓄电池出口正极和负极采用单根多股铜芯阻燃电缆，并使用电缆槽盒作为防火措施。

蓄电池组引出电缆示意图如图 5-9 所示。

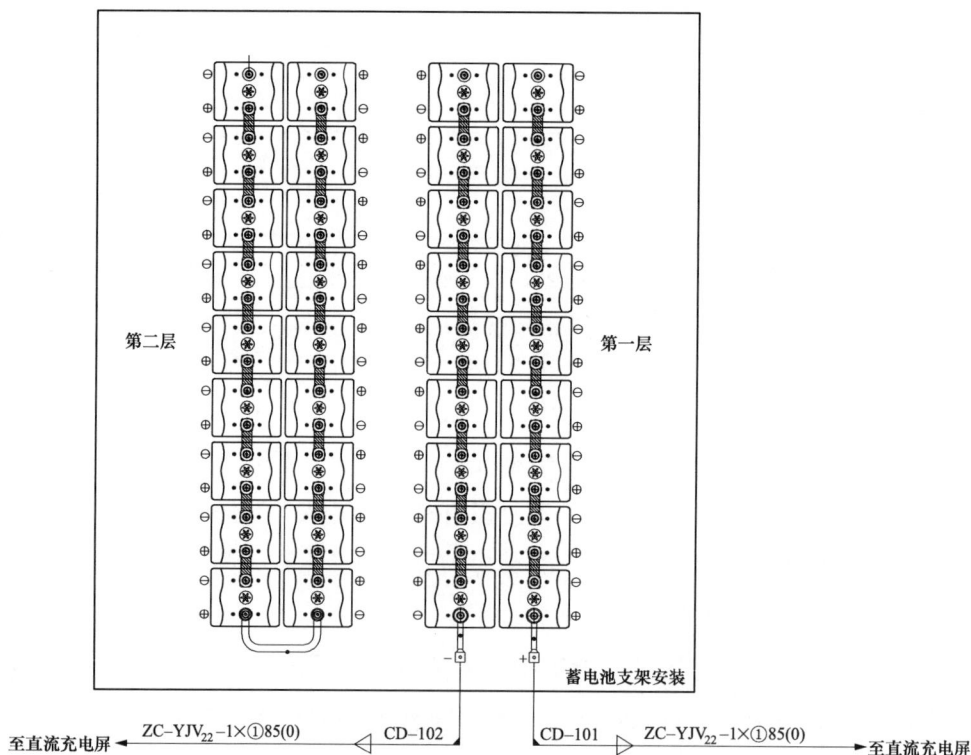

图 5-9　蓄电池组引出电缆示意图

5.3.1.5 酸性蓄电池室（不含阀控式密封铅酸蓄电池室）照明、采暖通风和空气调节设施均应为防爆型，开关和插座等应装在蓄电池室的门外。

蓄电池采用自然进风，机械排风，换气次数不小于 12 次/h，风机采用防爆风机，防爆等级为 ⅡC。空调采用防爆空调，开关和插座装在蓄电池室门外。

蓄电池室防爆设备布置示意图如图 5-10 所示，照明布置示意图如图 5-11 所示。

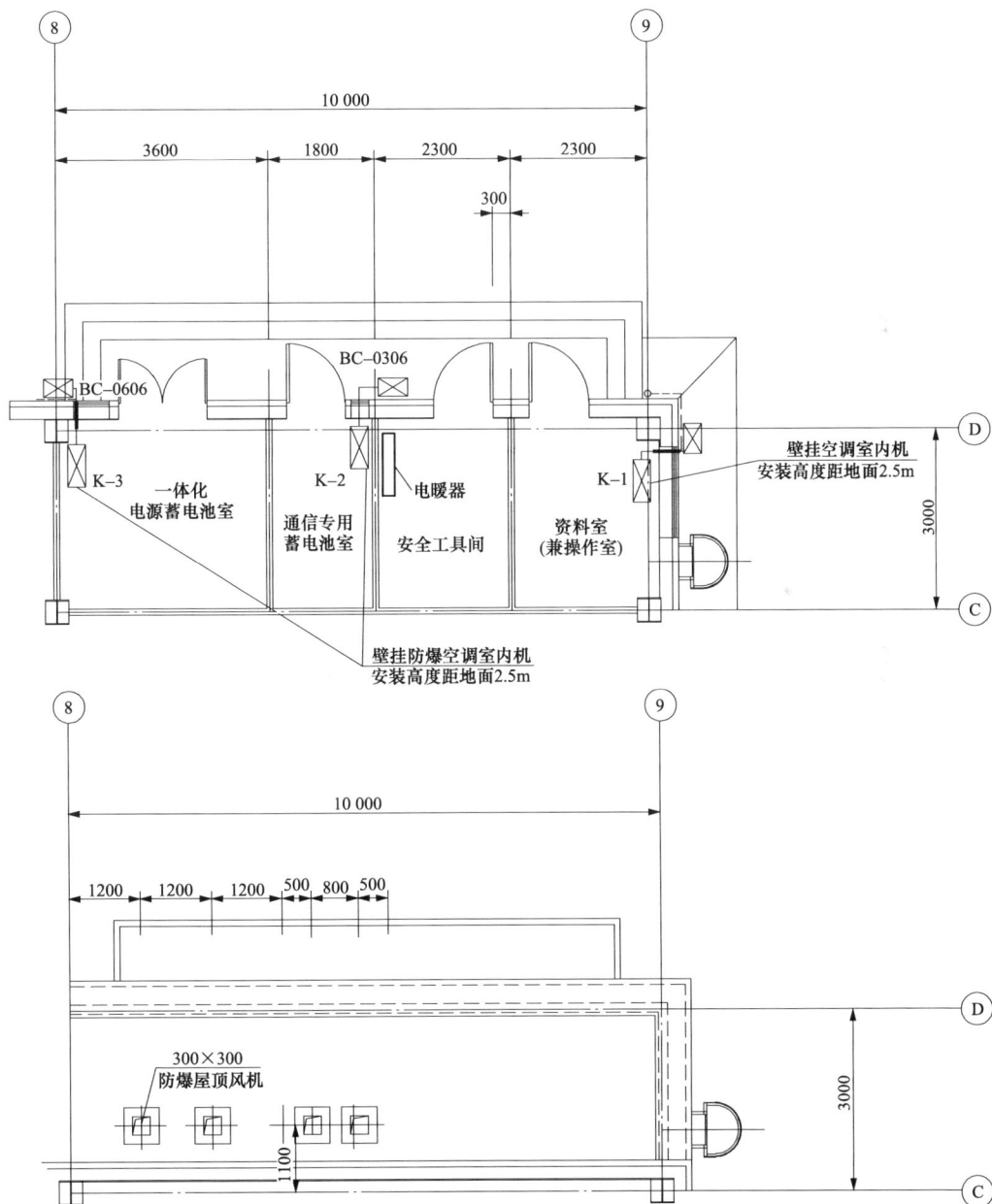

图 5-10 蓄电池室防爆设备布置示意图

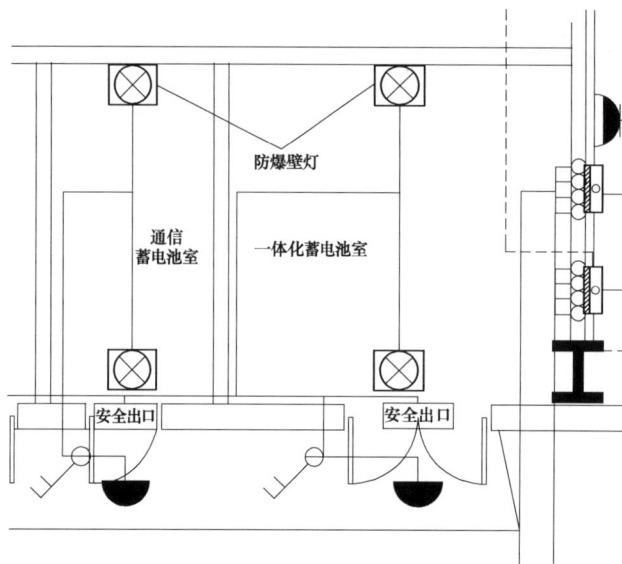

图 5-11　蓄电池室照明布置示意图

5.3.1.9　直流电源系统馈出网络应采用集中辐射或分层辐射供电方式，分层辐射供电方式应按电压等级设置分电屏，严禁采用环状供电方式。断路器储能电源、隔离开关电机电源、35(10)kV 开关柜顶可采用每段母线辐射供电方式。

110kV 所有保护及配电装置直流电源馈出严格采用单辐射接线方式，如图 5-12 所示；35(10)kV 开关柜采用每段直流小母线辐射供电方式，如图 5-13 所示。

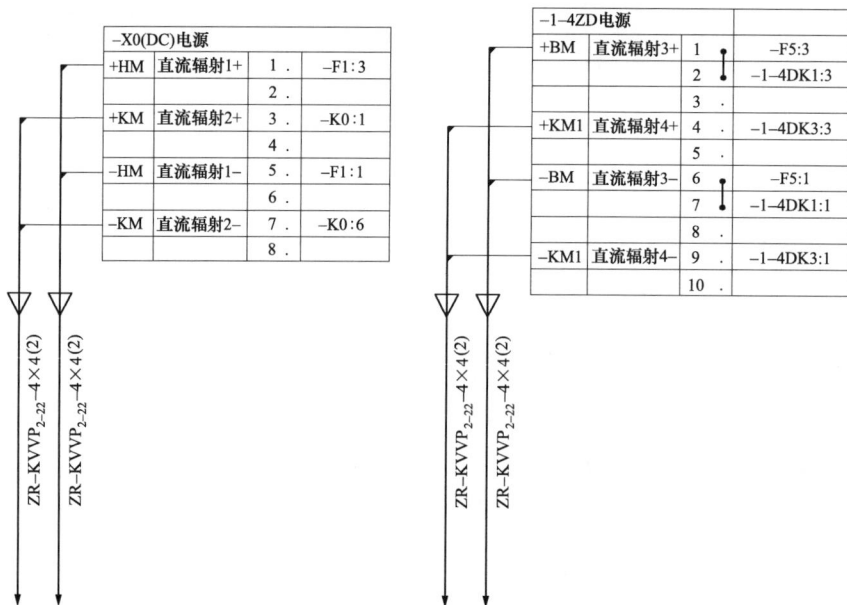

图 5-12　110kV 单辐射供电示意图

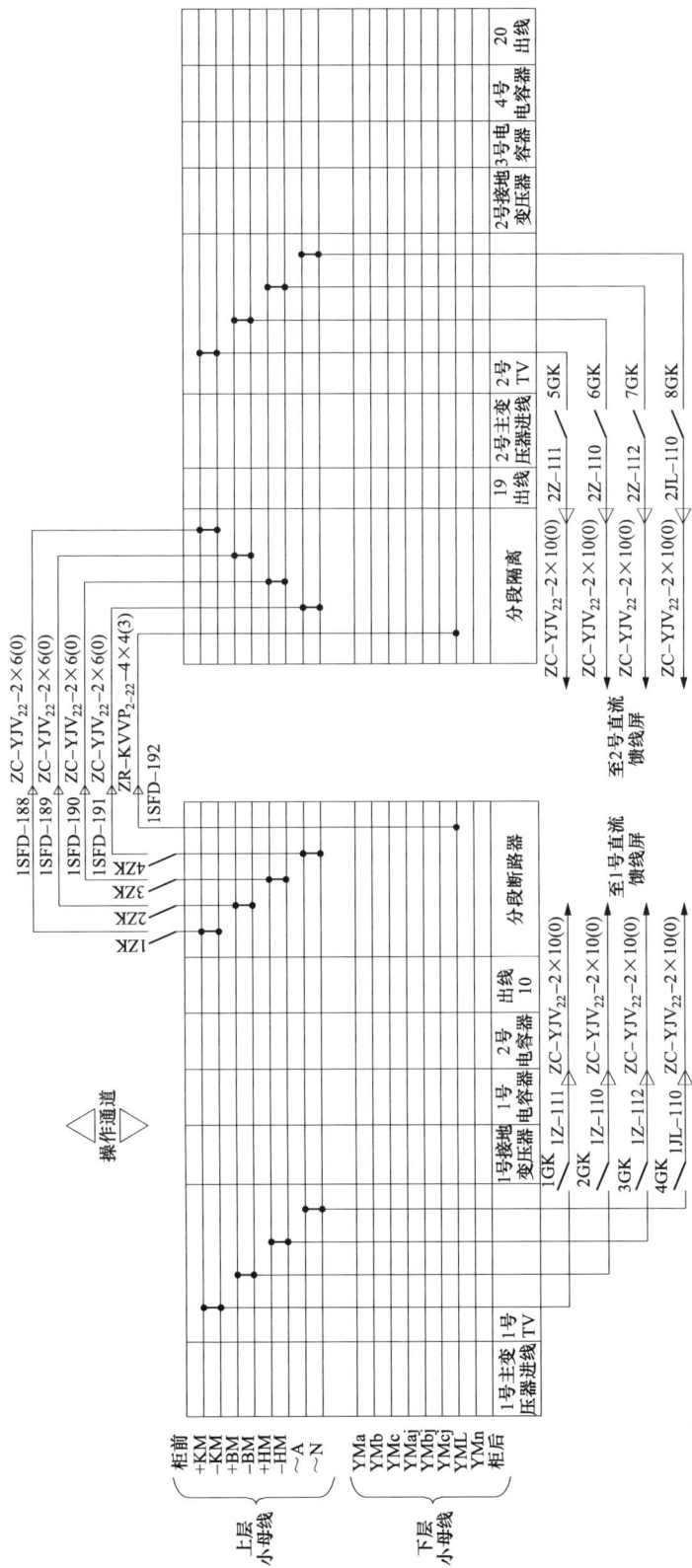

图 5-13 10kV 小母线供电示意图

23

5.3.1.10 变电站内端子箱、机构箱、智能控制柜、汇控柜等屏柜内的交直流接线，不应接在同一段端子排上。

变电站内端子箱、机构箱、智能控制柜、汇控柜等屏柜内部交直流接线端子为不同段端子排。

交、直流接线端子示意图如图 5-14 所示。

端子箱(机构箱、智能控制柜、汇控柜)左侧端子排

| 直流电源 | ZD | | |
下端目标	端子号	回路	上端目标
−1−4K1:3	1		−2QD:3
−1−4K2:3	2		−X16:4
+BM	3		−1−21K2:1
	4		−1−21K1:1
	5		−1−1K1:3
	6		
−1−4K3:3	7		
+KM	8		
	9		
−1−4K1:1	10		−2QD:1
−1−4K2:1	11		−X16:1
−BM	12		−1−21K2:1
	13		−1−21K1:1
	14		−1−1K1:1
	15		
−1−4K3:1	16		
−KM	17		
	18		
	19		−2QD:2
	20		−2QD:4

至直流电源屏　至直流电源屏

端子箱(机构箱、智能控制柜、汇控柜)右侧端子排

| JD | | | 交流电源 | |
下端目标	端子号	回路	上端目标	
−X22(Bay8):3	1		−X22(Bay9):2	
−X22(Bay9):1	2		−X13(Bay9):2	
	3			A1
−X22(Bay8):6	4		−X22(Bay9):5	
−X22(Bay9):5	5		−X13(Bay9):4	
	6			B1
−X22(Bay8):9	7		−X22(Bay9):8	
−X22(Bay9):7	8		−X13(Bay9):6	
	9			C1
−X22(Bay8):12	10		−X22(Bay9):11	
−X22(Bay9):10	11		−X13(Bay9):8	
	12			N1
−X22(Bay4):15	14	L	−1QD(Bay9):3	
	15			
	16			
−X22(Bay4):18	17	N	−1QD(Bay9):1	
	18			
	19			
	20		−1QD(Bay9):4	
	21			
	22		−1QD(Bay9):2	

至交流电源屏

图 5-14　交、直流接线端子示意图

5.3.1.14 直流高频模块和通信电源模块应加装独立进线断路器。

若模块共用一个进线断路器，若一个模块发生故障，将导致所有高频模块和通信电源模块停止工作。因此，直流高频模块和通信电源模块加装独立进线断路器，如图 5-15 所示。

5.3.2 基建阶段

5.3.2.3 交直流回路不得共用一根电缆，控制电缆不应与动力电缆并排铺设。对不满足要求的运行变电站，应采取加装防火隔离措施。

交、直流回路采用各自独立的电缆。控制电缆与动力电缆分层或分侧布置；对于不满足要求的运行变电站通过加装防火挡板或涂防火涂料进行防火隔离。

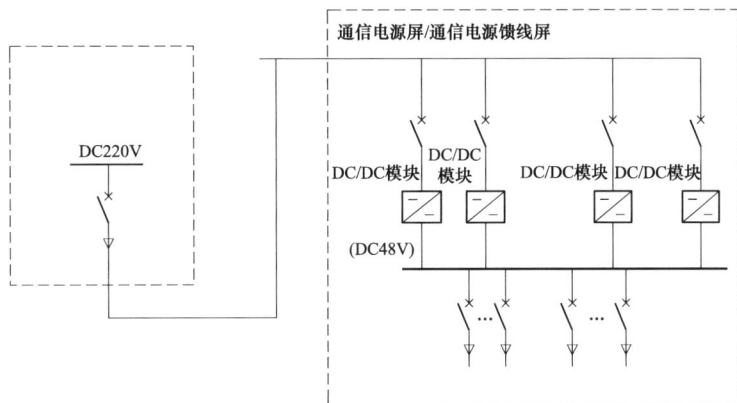

图 5-15 独立进线断路器示意图

5.3.2.4 直流电源系统应采用阻燃电缆。两组及以上蓄电池组电缆，应分别铺设在各自独立的通道内，并尽量沿最短路径敷设。在穿越电缆竖井时，两组蓄电池电缆应分别加穿金属套管。对不满足要求的运行变电站，应采取防火隔离措施。

目前 110kV 变电站通用设计中，一体化直流系统中蓄电池组采用单套配置，采用 C 级阻燃电缆沿最短路径敷设。

5.3.2.5 直流电源系统除蓄电池组出口保护电器外，应使用直流专用断路器。蓄电池组出口回路宜采用熔断器，也可采用具有选择性保护的直流断路器。

直流电源回路中没有过零点，普通交流断路器不能遮断直流回路中的正常负荷电流和故障电流；交直流两用断路器灭直流电弧能力差，不能有效及时断开故障回路。目前变电站设计中，直流电源系统除蓄电池组出口外均使用直流断路器。

蓄电池组熔断器动作具有反时限特性，相较断路器误动概率小，可靠性高，且检修时可以形成明显断开点。目前变电站设计中，蓄电池组出口回路采用熔断器，如图 5-16 所示。

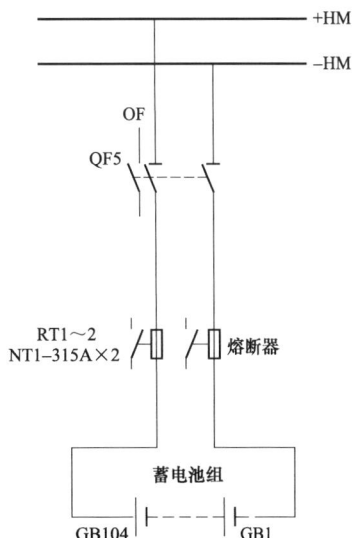

图 5-16 蓄电池组出口回路采用熔断器

5.3.2.6 直流回路隔离电器应装有辅助触点，蓄电池组总出口熔断器应装有报警触点，信号应可靠上传至调控部门。直流电源系统重要故障信号应硬接点输出至监控系统。

蓄电池组出口熔断器设有辅助报警节点，如图 5-17 所示，通过综合测控单元上传至变电站监控系统。

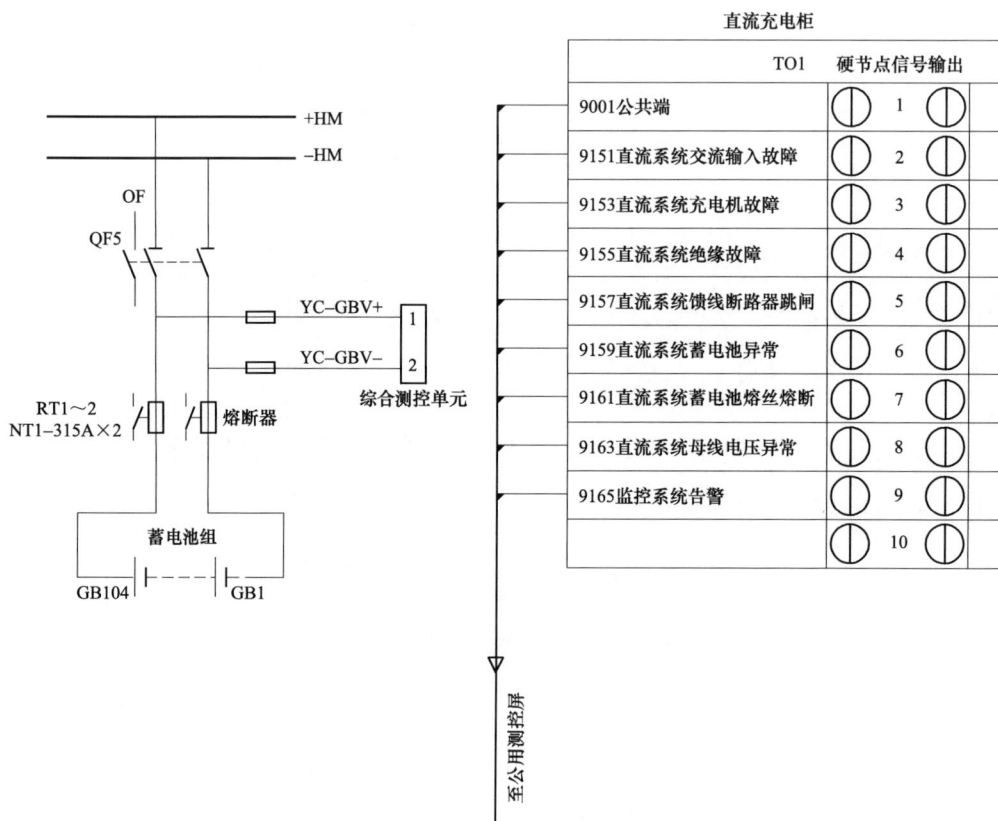

图 5-17 蓄电池组辅助报警节点示意图

6 防止输电线路事故

6.1 防止倒塔事故

6.1.1 规划设计阶段

6.1.1.1 在特殊地形、极端恶劣气象环境条件下，重要输电线路宜采取差异化设计，适当提高抗风、抗冰、抗洪等设防水平。

设计中宜考虑差异化设计，如地理微气象，针对跨越河道、入山口等特殊地形线路段，应提高铁塔覆冰、风速等设计条件。河道内铁塔基础顶面高程应考虑洪水位重现期。这种差异化设计可以体现在同一通道多回线路之间，也可以体现在一回线路的不同区段之间。

依据《国家电网有限公司差异化规划设计导则》，重要输电线路包括：

（1）特高压交流输电线路。

（2）±400kV及以上直流输电线路。

（3）核电站送出线路中至少1回线路。

（4）担任电网黑启动任务的电源送出线路中至少1回线路。

（5）电铁牵引站接入系统线路中1回线路。

（6）对于重要输电通道、断面，经专题研究后，确有必要的，可选择1～2回线路作为重要输电线路。

6.1.1.2 线路设计时应避让可能引起杆塔倾斜和沉降的崩塌、滑坡、泥石流、岩溶塌陷、地裂缝等不良地质灾害区。

线路设计选择路径时应遵循 GB 50545—2010《110kV～750kV架空输电线路设计规范》3.0.3 的要求，路径选择宜避开不良地质地带和采动影响区，当无法避让时，应采取必要的措施。

6.1.1.3 线路设计时宜避让采动影响区，无法避让时，应进行稳定性评价，合理选择架设方案及基础型式，宜采用单回路或单极架设，必要时加装在线监测装置。

线路设计选择路径时应遵循 GB 50545—2010《110kV～750kV 架空输电线路设计规范》3.0.3 的要求，路径选择宜避开不良地质地带和采动影响区，当无法避让时，应采取必要的措施。

6.1.1.4 对于易发生水土流失、山洪冲刷等地段的杆塔，应采取加固基础、修筑挡土墙（桩）、截（排）水沟、改造上下边坡等措施，必要时改迁路径。

常见处理方案如图 6-1、图 6-2 所示，排水沟平面示意图如图 6-3 所示。

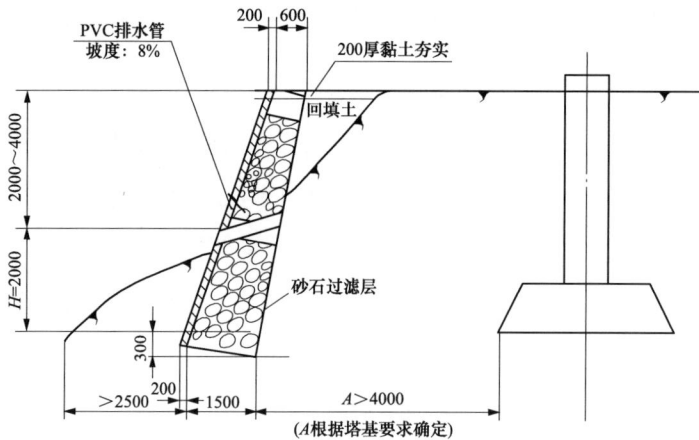

图 6-1 护坡加固图（单位：mm）

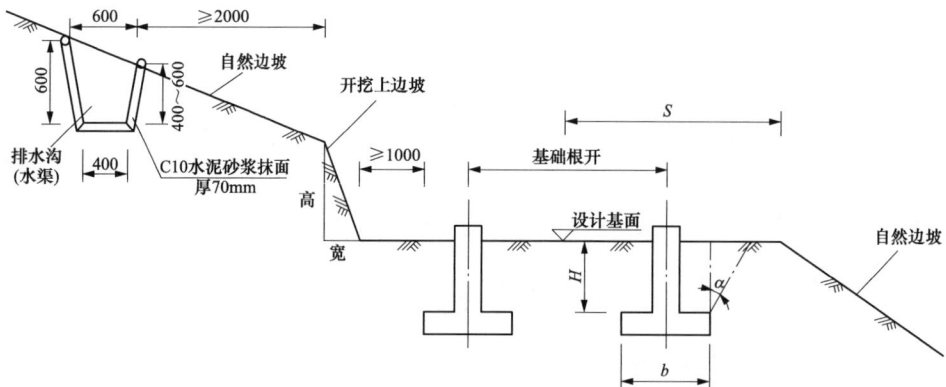

图 6-2 排水沟图（单位：mm）

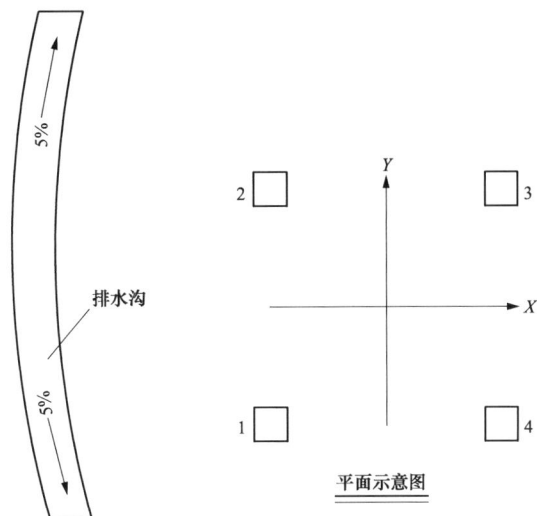

图 6-3 排水沟平面示意图

基础的下边坡保护距离 S（自塔位中心桩算起），应不小于下式计算值：

横线路或平行线路方向：

$$S = \frac{A+b}{2} + H \times \tan\alpha + 1.0 \sim 1.5(\text{m})$$

$$\text{或 } S = \frac{B+b}{2} + H \times \tan\alpha + 1.0 \sim 1.5(\text{m}) \tag{6-1}$$

对角线方向：

$$S = \sqrt{\frac{A^2+B^2}{4}} + \sqrt{2}\left(\frac{b}{2}H \times \tan\alpha\right) + 1.0 \sim 1.5(\text{m}) \tag{6-2}$$

式中　A、B——基础根开，m；

b——基础底板宽度，m，对于岩石掏挖基础指基础的底板直径；

H——基础上拔深度，m；

α——取 25°，对于岩石掏挖基础取 45°。

6.1.1.5 分洪区等受洪水冲刷影响的基础，应考虑洪水冲刷作用及漂浮物的撞击影响，并采取相应防护措施。

对于河道内基础，应考虑河流冲刷时漂浮物或小粒径石块撞击基础，在基础计算时应考虑水流速、漂浮物、粒径、冲刷深度等参数。

基础设计软件计算示意图如图 6-4 所示。

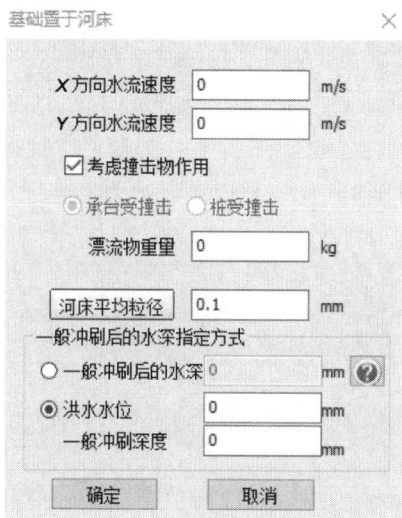

图 6-4　基础设计软件计算示意图

6.1.1.6 高寒地区线路设计时应采用合理的基础型式和必要的地基防护措施，避免基础冻胀位移、永冻层融化下沉。

本条文针对存在冻土层地区，工程中存在冻土层地质，建议根据地质勘查报告冻土层深度，在基础设计时充分考虑基础深度。

6.1.1.7 对于需要采取防风固沙措施的移动或半移动沙丘等区域的杆塔，应考虑主导风向等因素，并采取有效的防风固沙措施，如围栏种草、草方格、碎石压沙等措施。

本条文针对需要采取防风固沙措施的移动或半移动沙丘等区域的杆塔提出预防要求。根据运行经验，移动或半移动沙丘等区域的杆塔应采取围栏种草、草方格等措施。

6.1.1.8 规划阶段，应对特高压密集通道开展多回同跳风险评估，必要时差异化设计。当特高压线路在滑坡等地质不良地区同走廊架设时，宜满足倒塔距离要求。

不同电压等级杆塔水平距离示意图如图 6-5 所示。

图 6-5 不同电压等级杆塔水平距离示意图

6.2 防止断线事故

6.2.1 设计和基建阶段

6.2.1.1 应采取有效的保护措施，防止导地线放线、紧线、连接及安装附件时受到损伤。

工程中常用处理方式为新旧导线引流处增加预绞式分流条（如图 6-6 所示），新旧导线接续管需采用预绞式分流条进行分流（如图 6-7 所示），重要跨越处线夹增加预绞式备份线夹（如图 6-8 所示）。

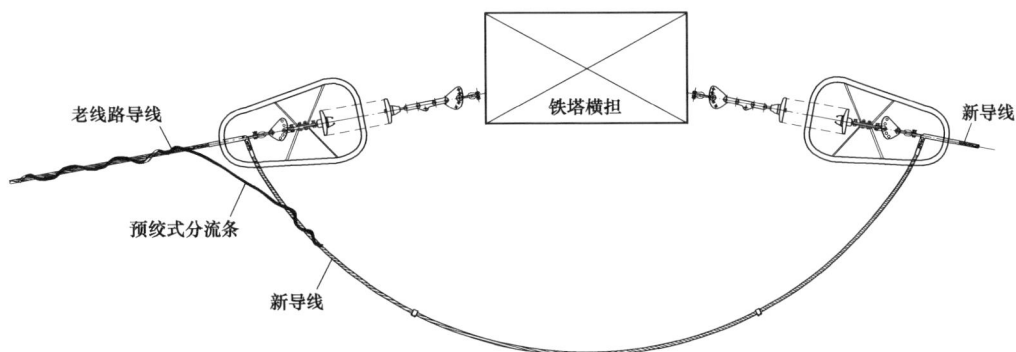

图 6-6 预绞式分流条图（新旧导线连接）

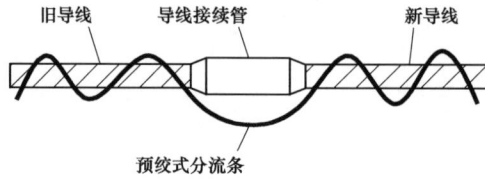

图 6-7 预绞式分流条（接续管）

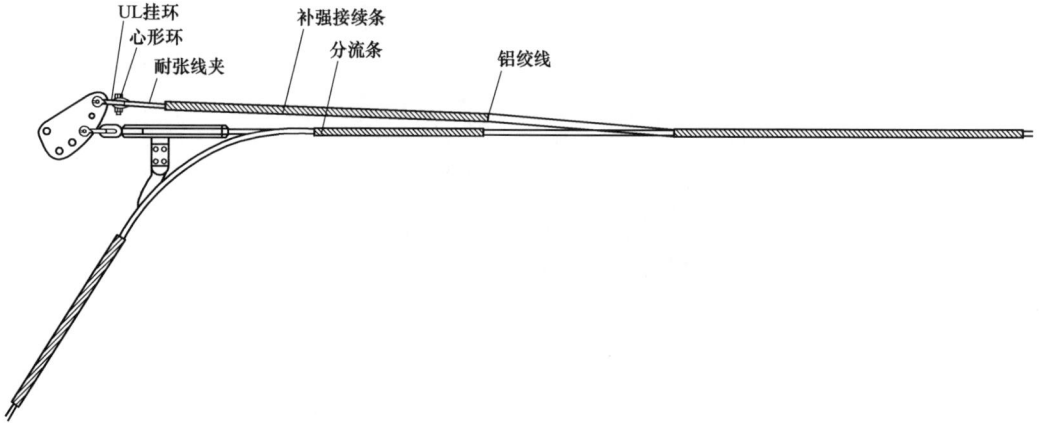

图 6-8 备份线夹

6.2.1.2 架空地线复合光缆（OPGW）外层线股 110kV 及以下线路应选取单丝直径 2.8mm 及以上的铝包钢线；220kV 及以上线路应选取单丝直径 3.0mm 及以上的铝包钢线，并严格控制施工工艺。

本条文针对架空地线复合光缆（OPGW）的外层线股参数提出要求。

6.3 防止绝缘子和金具断裂事故

6.3.1 设计和基建阶段

6.3.1.1 大风频发区域的连接金具应选用耐磨型金具；重冰区应考虑脱冰跳跃对金具的影响；舞动区应考虑舞动对金具的影响。

应在大风频发区选用耐磨性金具，考虑重冰区脱冰跳跃、舞动区线路舞动对金具的损伤，提高线路金具应对频发大风、重冰区脱冰跳跃、舞动等的能力。

6.3.1.2 作业时应避免损坏复合绝缘子伞裙、护套及端部密封，不应脚踏复合绝缘子；安装时不应反装均压环或安装于护套上。

复合绝缘子的伞裙护套与芯棒的连接界面相对窄小，一旦人员直接沿复合绝缘子上下，人体重量及伞裙护套重量将全部由界面承受，可能导致界面出现缺陷；复合绝缘子反装均压环时，不仅不能降低绝缘子根部的场强，甚至导致该处场强畸变、增大，可导致该部位硅橡胶较快老化，影响绝缘子长期运行效果，甚至导致脆断等事故。

6.3.1.3 500(330)kV 和 750kV 线路的悬垂复合绝缘子串应采用双联（含单 V 串）及以上设计，且单联应满足断联工况荷载的要求。

100kN 悬垂复合绝缘子串双联示意图和配置表分别如图 6-9 和表 6-1 所示，70kN 悬垂复合绝缘子串双联示意图和配置表分别如图 6-10 和表 6-2 所示。

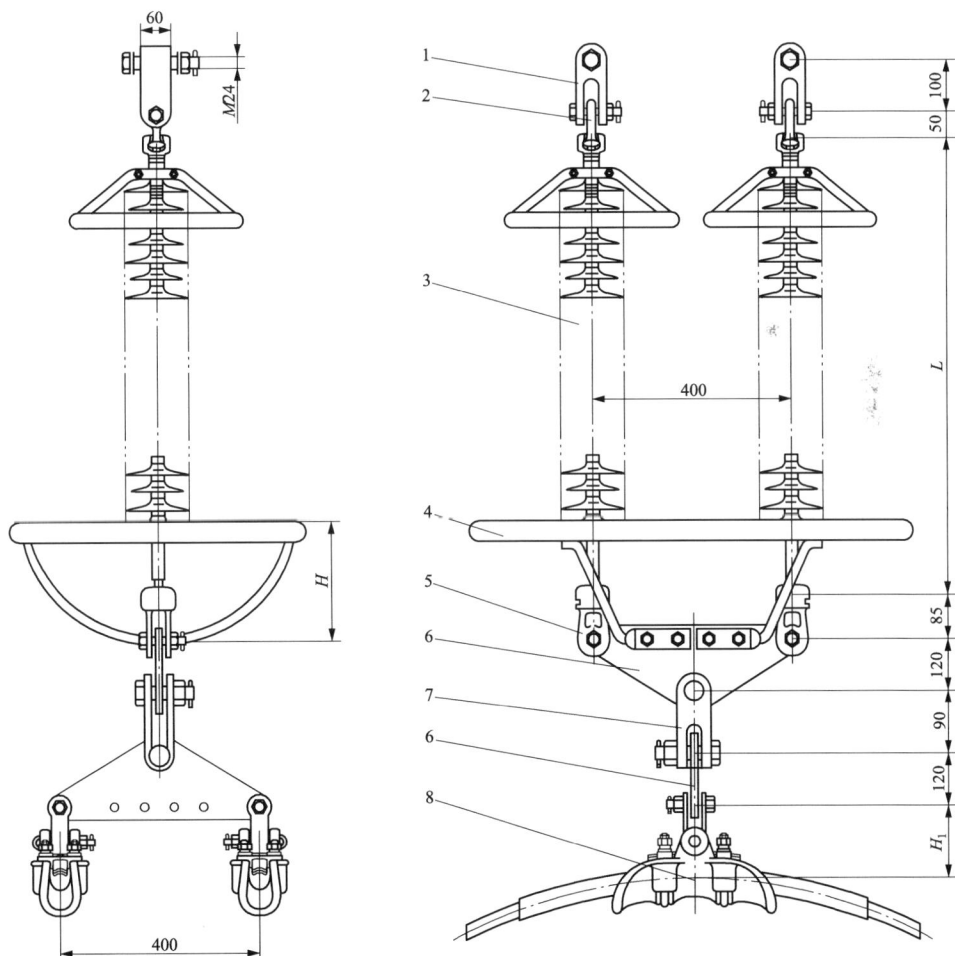

图 6-9 100kN 悬垂复合绝缘子串双联示意图

表 6-1   **100kN 悬垂复合绝缘子串双联配置表**

序号	型号	名称	数量	材料	质量（kg）	
					单件	总计
1	ZBS-10/21-100	ZBS 挂板	2	35	3.8	7.6
2	QP-1050	球头挂环	2	40	0.3	0.6
3		100kN 复合绝缘子	2			G
4	FJD-32/1000/H	均压环	1	1050A	3.1	3.1
5	WS-1086	碗头挂板	2	35	1.2	2.4
6	L-21J-120/400	联板	2	35	7.8	15.6
7	Z-2190	直角挂板	1	35	3.4	3.4
8		悬垂线夹	2	ZL102		

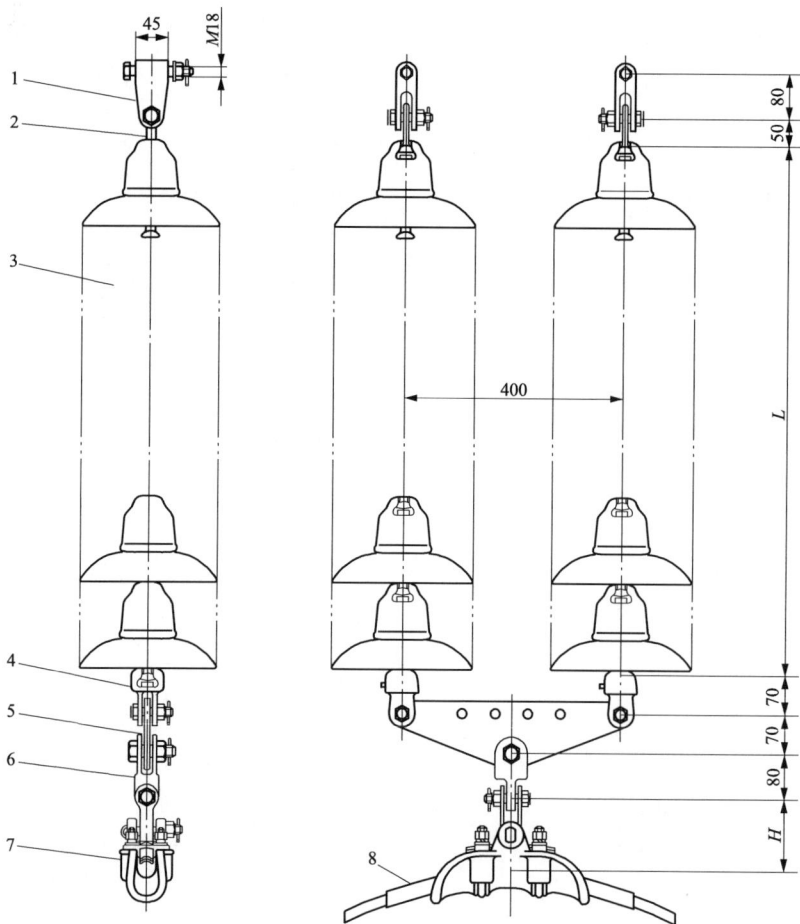

图 6-10   70kN 悬垂复合绝缘子串双联示意图

表 6-2   70kN 悬垂复合绝缘子串双联配置表

编号	型号	名称	数量	材料	质量（kg）	
					单件	总计
1	ZBS-07/10-80	ZBS 挂板	2	35	2.5	5.0
2	QP-0750	球头挂环	2	Q235	0.3	0.6
3		70kN 盘形悬式（复合）绝缘子				G
4	WS-0770	碗头挂板	2	Q235	1.0	2.0
5	L-12-70/400	联板	1	Q235	4.7	4.7
6	ZBD-07/12-80	直角挂板	1	Q235	1.3	1.3
7		悬垂线夹	1	ZL102		
8		导线包缠物	1	L3 或 LF10		

6.3.1.4   跨越 110kV（66kV）及以上线路、铁路和等级公路、通航河流及居民区等，直线塔悬垂串应采用双联结构，宜采用双挂点，且单联应满足断联工况荷载的要求。

双联双挂点复合绝缘子串示意图和配置表分别如图 6-11 和表 6-3 所示。

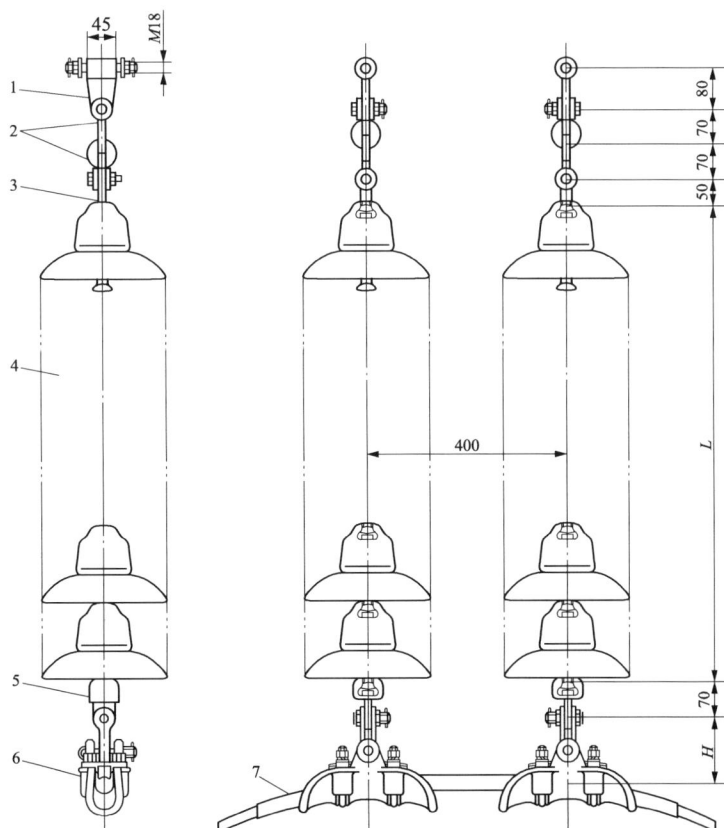

图 6-11 双联双挂点复合绝缘子串示意图

表 6-3　　　　　　　　　　　双联双挂点复合绝缘子串配置表

编号	型号	名称	数量	材料	质量（kg）	
					单件	总计
1	EB-07/10-80	EB 挂板	2	35	1.7	3.4
2	U-0770	U 型挂环	4	Q235	0.5	2.0
3	QP-0750	球头挂环	2	Q235	0.3	0.6
4		70kN 盘形悬式（复合）绝缘子				G
5	W-0770	碗头挂板	2	Q235	0.8	1.6
6		悬垂线夹	2	ZL102		
7		导线包缠物	1	L3 或 LF10		

6.3.1.5　500kV 及以上线路用棒形复合绝缘子应按批次抽取 1 支进行芯棒耐应力腐蚀试验。

本条文针对使用非耐酸芯棒导致复合绝缘子芯棒脆断的事件提出预防措施。

6.3.1.6　耐张绝缘子串倒挂时，耐张线夹应采用填充电力脂等防冻胀措施，并在线夹尾部打渗水孔。

在压接管未压区距压接处 5mm 左右的地方上下相对的位置打两个 ϕ3mm 的孔，打孔时应注意不伤及导线，然后用高压枪向孔内加注黄油，直至黄油从端口挤出为止；再用 ϕ3mm 的铝铆钉堵住黄油加注孔；压接管端头部分压接后的缝隙也用黄油填充，能有效防止雨水的进入和滞留，延缓或减小导线钢芯的锈蚀。

6.4　防止风偏闪络事故
6.4.1　设计和基建阶段

6.4.1.1　新建线路设计时应结合线路周边气象台站资料及风区分布图，并参考已有的运行经验确定设计风速，山谷、垭口等微地形、微气象区加强防风偏校核，必要时采取进一步的防风偏措施。

100kN 复合绝缘子跳线串示意图如图 6-12 所示，100kN 复合绝缘子跳线串配置表如表 6-4 所示。

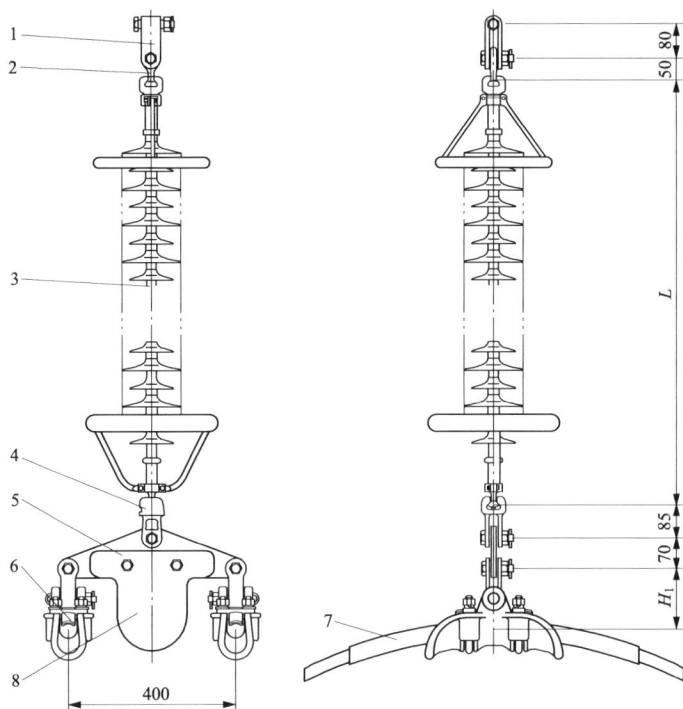

图 6-12 100kN 复合绝缘子跳线串示意图

表 6-4 100kN 复合绝缘子跳线串配置表

编号	型号	名称	数量	材料	质量（kg）	
					单件	总计
1	UB-1080	挂板	1	Q235A	1.1	1.1
2	QP-1050	球头挂环	1	65Mn	0.3	0.3
3		100kN 复合绝缘子	1			G
4	WS-1085	碗头挂板	1	35	1.2	1.2
5	L-10-70/400	联板	1	Q235A	4.5	4.5
6		悬垂线夹	2	ZL102		
7		铝包带		L3		
8	FZC-10	重锤片（配螺栓）		HT100	10.0	

6.4.1.2 330～750kV 架空线路 40°以上转角塔的外角侧跳线串应使用双串绝缘子，并加装重锤等防风偏措施；15°以内的转角内外侧均应加装跳线绝缘子串（包括重锤）。

330kV 线路转角塔跳线串示意图如图 6-13 所示。

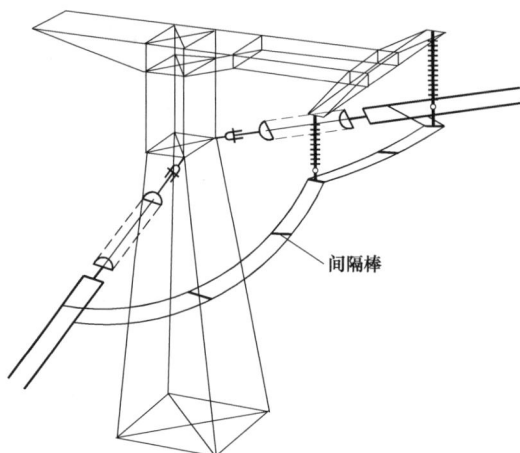

图 6-13 330kV 线路转角塔跳线串示意图

如 330kV 线路 0°～20°转角塔内、外边相各安装 1 个跳线串；20°～40°转角塔内角侧边相不安装跳线串，外角侧边相安装 1 个跳线串；40°以上转角塔内角侧边相不安装跳线串，外角侧边相安装 2 个跳线串；单回路转角塔中相安装两个跳线串。除跳线串布置，还应考虑带电间隙。

例：330kV 线路边相跳线串或跳线弧度 1000m 以下参考值为 $3.8m \leqslant f \leqslant 4.1m$。

带电部分与杆塔构件最小间隙满足表 6-5 要求。

表 6-5   带电部分与杆塔构件最小间隙要求

1000m 以下	工频	操作	雷电	带电作业
间隙要求（m）	0.90	1.95	2.3	2.2

注 对操作人员需要停留的部位，还应考虑人体活动范围 0.5m。

6.4.1.3 沿海台风地区，跳线风偏应按设计风压的 1.2 倍校核；110～220kV 架空线路大于 40°转角塔的外侧跳线应采用绝缘子串（包括重锤）；小于 20°转角塔，两侧均应加挂单串跳线串（包括重锤）。

110kV 及以下线路转角塔跳线串示意图如图 6-14 所示。

如 110kV 线路 0°～20°转角塔内、外边相各安装 1 个跳线串；20°～40°转角塔内角侧边相不安装跳线串，外角侧边相安装 1 个跳线串；40°以上转角塔内角侧边相

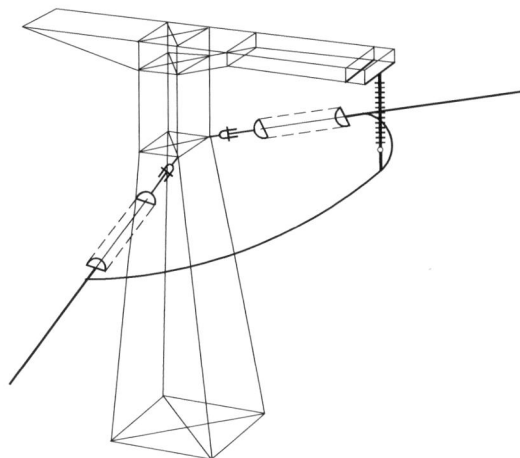

图 6-14　110kV 及以下线路转角塔跳线串示意图

不安装跳线串，外角侧边相安装 2 个跳线串；单回路转角塔中相安装一个跳线串。除跳线串布置，还应考虑带电间隙。

例：110kV 线路边相跳线串或跳线弛度 1000m 以下参考值为 $f = 1.6\text{m}$。

带电部分与杆塔构件最小间隙满足表 6-6 要求。

表 6-6　　　　　　　　　　带电部分与杆塔构件最小间隙要求

1000m 以下	工频	操作	雷电	带电作业
间隙要求（m）	0.25	0.70	1.00	1.00

注　对操作人员需要停留的部位，还应考虑人体活动范围 0.5m。

6.5　防止覆冰、舞动事故

6.5.1　设计和基建阶段

6.5.1.1　线路路径选择应以冰区分布图、舞动区域分布图为依据，宜避开重冰区及易发生导线舞动的区域；2 级及以上舞动区不应采用紧凑型线路设计，并采取全塔双帽防松措施。

实际运行经验表明，覆冰、舞动是造成紧凑型线路故障的主要因素，紧凑型线路中因舞动造成的故障占比较大，因此，要求 2 级及以上舞动区不应采用紧凑型线路设计，且线路应采取全塔双帽防松措施。

架空设计软件数据示意图如图 6-15 所示，其专题图层展示图如图 6-16 所示。

图 6-15　架空设计软件数据示意图

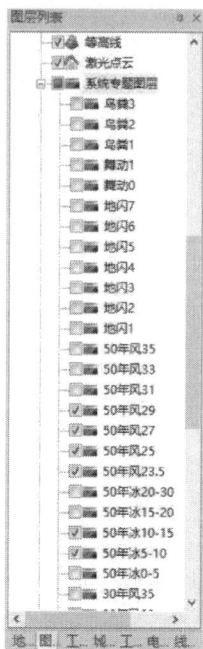

图 6-16　架空设计软件数据
专题图层展示图

6.5.1.2　新建架空输电线路无法避开重冰区或易发生导线舞动的区段，宜避免大档距、大高差和杆塔两侧档距相差悬殊等情况。

6.5.1.3　重冰区和易舞动区内线路的瓷绝缘子串或玻璃绝缘子串的联间距宜适当增加，必要时可采用联间支撑间隔棒。

本条文是针对瓷绝缘子串或玻璃绝缘子串在振动等外载荷影响的情况下发生碰撞导致伞裙损坏的情况提出的。舞动过程中易发生瓷或玻璃悬垂绝缘子伞裙碰碎的情况，适当增大联间距或采用联间支撑间隔棒可有效避免绝缘子之间的碰撞。

6.6　防止鸟害闪络事故

6.6.1　设计和基建阶段

6.6.1.1　66～500kV 新建线路设计时应结合涉鸟故障风险分布图，对于鸟害多发区应采取有效的防鸟措施，如安装防鸟刺、防鸟挡板、防鸟针板，增加绝缘子串结构高度等。110(66)、220、330、500kV 悬垂绝缘子的鸟粪闪络基本防护范围为以绝缘子悬挂点为圆心，半径分别为 0.25、0.55、0.85、1.2m 的圆。

国家电网有限公司于 2017 年 7 月 27 日印发了涉鸟故障风险分布图（国家电网运检〔2017〕572 号）。为了提高典型防鸟装置的适用性和针对性，对条文进行了完善。

6.7 防止外力破坏事故

6.7.1 设计和基建阶段

6.7.1.1 新建线路设计时应采取必要的防盗、防撞等防外力破坏措施，验收时应检查防外力破坏措施是否落实到位。

近年来各地基建工程逐步增加，一定程度上导致架空输电线路的外力破坏事故频繁发生，已成为威胁线路安全稳定运行的主要因素，因此，应从设计阶段采取防撞桩、限高架等防外力破坏措施。

6.7.1.2 架空线路跨越森林、防风林、固沙林、河流坝堤的防护林、高等级公路绿化带、经济园林等，当采用高跨设计时，应满足对主要树种的自然生长高度距离要求。

6.7.1.3 新建线路宜避开山火易发区，无法避让时，宜采用高跨设计，并适当提高安全裕度；无法采用高跨设计时，重要输电线路应按照相关标准开展通道清理。

GB 50545—2010《110kV～750kV 架空输电线路设计规范》第 13.0.6.2 条要求：当砍伐通道时，通道净宽度不应小于线路宽度加通道附近主要树种自然生长高度的 2 倍。通道附近超过主要树种自然生长高度的非主要树种树木应砍伐。

6.8 防止"三跨"事故

6.8.1 设计和基建阶段

6.8.1.1 线路路径选择时，宜减少"三跨"数量，且不宜连续跨越；跨越重要输电通道时，不宜在一档中跨越 3 条及以上输电线路，且不宜在杆塔顶部跨越。

在线路路径选择上，采取避让等方式，避免重复跨越，最大限度减少"三跨"数量；DL/T 741—2019《架空输电线路运行规程》附录 A 表 A.9 中已明确，不宜在杆塔顶部跨越电力线路，对"三跨"线路重点强调；为避免重要输电通道中多条重要线路同时故障，不宜在一档中跨越 3 条及以上线路；依据《国家电网公司关于印发输电线路跨越重要输电通道建设管理规范（试行）等文件的通知》（国家电网基建〔2015〕756 号）的要求，"结合线路路径、地形地貌特点、施工方式等，合理选择跨越位置，宜避免塔顶跨越"。

> **6.8.1.2** "三跨"线路与高铁交叉角不宜小于 45°，困难情况下不应小于 30°，且不应在铁路车站出站信号机以内跨越；与高速公路交叉角一般不应小于 45°；与重要输电通道交叉角不宜小于 30°。线路改造路径受限时，可按原路径设计。

鉴于"三跨"重要性，根据国家电网公司《电网差异化规划设计指导意见》（国家电网发展〔2008〕195 号）和《关于印发〈国家电网公司输电线路跨（钻）越高铁设计技术要求〉的通知》（国家电网基建〔2012〕1049 号），提出交叉跨越角度的基本要求。

> **6.8.1.3** "三跨"应尽量避免出现大档距和大高差的情况，跨越塔两侧档距之比不宜超过 2∶1。

雨雪冰冻灾害中，曾发生微地形、微气象区线路，由于受大高差、大档距和两侧档距比超过或接近 2∶1 等因素影响，发生倒塔断线事故的案例。

> **6.8.1.4** "三跨"线路跨越点宜避开 2 级及 3 级舞动区，无法避开时以舞动区域分布图为依据，结合附近舞动发展情况，宜适当提高防舞设防水平。

目前舞动区域分布图主要反映区域内输电线路舞动的平均强度，但部分"三跨"微地形、微气象特征明显，舞动强度高于平均值。鉴于"三跨"重要性要求，并结合线路附近舞动发展情况，防舞标准宜提高一个设防等级。

> **6.8.1.5** "三跨"应采用独立耐张段跨越，杆塔结构重要性系数应不低于 1.1，杆塔除防盗措施外，还应采用全塔防松措施；当跨越重要输电通道时，跨越线路设计标准应不低于被跨越线路。

根据 GB 50545—2010《110kV～750kV 架空输电线路设计规范》，对重要线路杆塔结构重要性系数不低于 1.1。同时，应加强杆塔螺栓防松设计。

6.8.1.6 "三跨"线路跨越点宜避开重冰区。对15mm及以上冰区的特高压"三跨"和5mm及以上冰区的其他电压等级"三跨"，导线最大设计验算覆冰厚度应比同区域常规线路增加10mm，地线设计验算覆冰厚度增加15mm；对历史上曾出现过超设计覆冰的地区，还应按稀有覆冰条件进行验算。

鉴于"三跨"重要性，根据《国家电网公司关于印发〈电网差异化规划设计指导意见〉的紧急通知》（国家电网发展〔2008〕195号）和《关于印发〈国家电网公司输电线路跨（钻）越高铁设计技术要求〉的通知》（国家电网基建〔2012〕1049号）标准，提出验算杆塔强度覆冰值提高10~15mm的要求。

6.8.1.7 易舞动区防舞装置（不含线夹回转式间隔棒）安装位置应避开被跨越物。

相间间隔棒和动力减振器等防舞装置长期运行，连接金具可能发生损坏脱落或对导线造成损伤，对线路运行带来安全隐患，鉴于"三跨"的重要性要求，跨越档尽量避免安装相间间隔棒、动力减振器等可能脱离或对导地线造成损伤的装置，如图6-17所示。如需安装，安装位置可控制在接触网边缘、高速公路护栏外护10m的范围。

6.8.1.8 500kV及以下"三跨"线路的悬垂绝缘子串应采用独立双串设计，对于山区高差大、连续上下山的线路可采用单挂点双联，耐张绝缘子应采用双联及以上结构形式，单联强度应满足正常运行状态下受力要求。"三跨"地线悬垂应采用独立双串设计，耐张串连接金具应提高一个强度等级。

参考《国家电网公司关于印发〈架空输电线路"三跨"运维管理补充规定〉的通知》（国家电网运检〔2016〕777号）要求，进一步提高"三跨"线路防断线的能力，绝缘子应采用独立双挂点。独立双串为两个完全独立没有连接的串型。对于山区高差大、连续上下山等特殊线路区段，独立双串有可能造成两串受力不均匀，影响线路安全运行。因此，可根据实际情况采用双联单挂点的设计，如图6-18~图6-21所示。

6.8.1.9 "三跨"区段宜选用预绞式防振锤。风振严重区、易舞动区"三跨"的导地线应选用耐磨型连接金具。

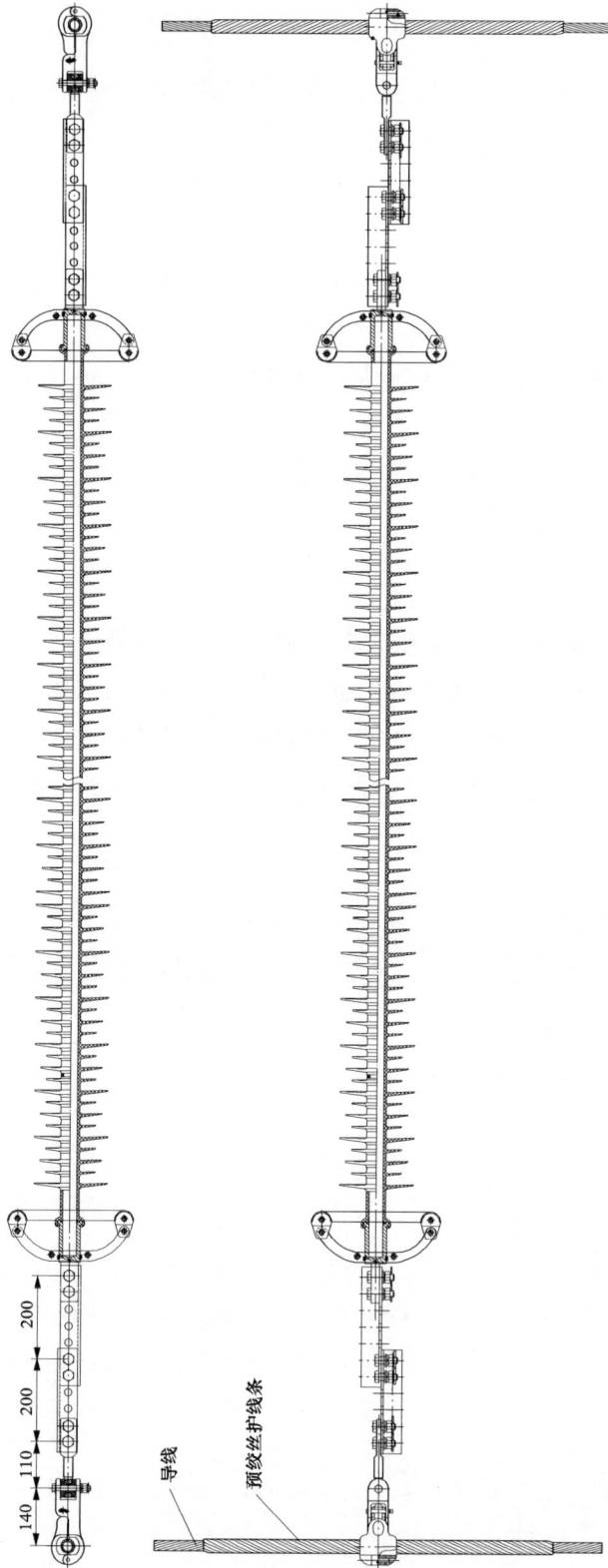

图 6-17 防舞装置示意图

导线

预绞丝护线条

200

200

110

140

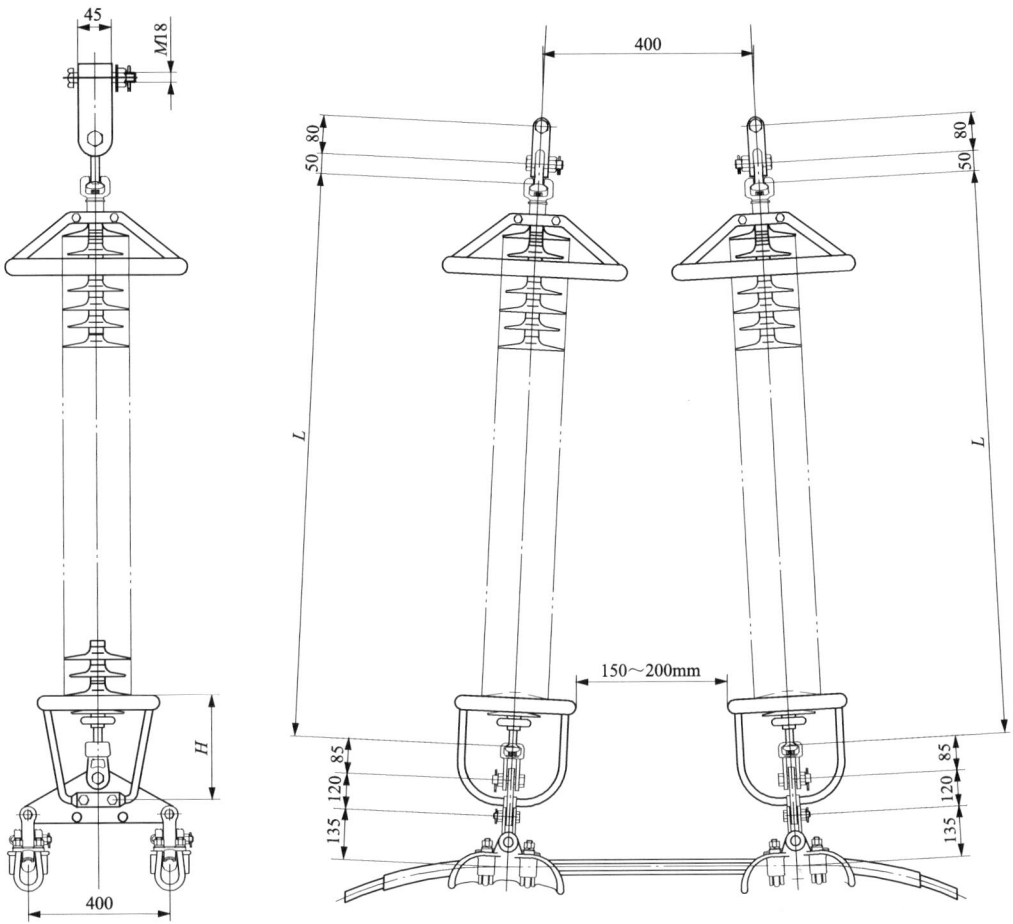

图 6-18 导线悬垂串独立双串

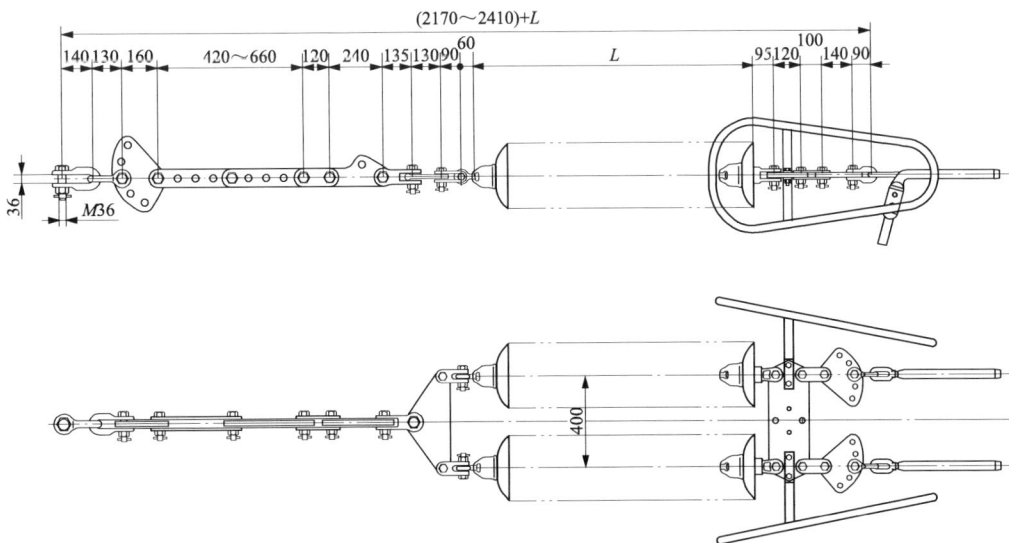

图 6-19 导线耐张串双联

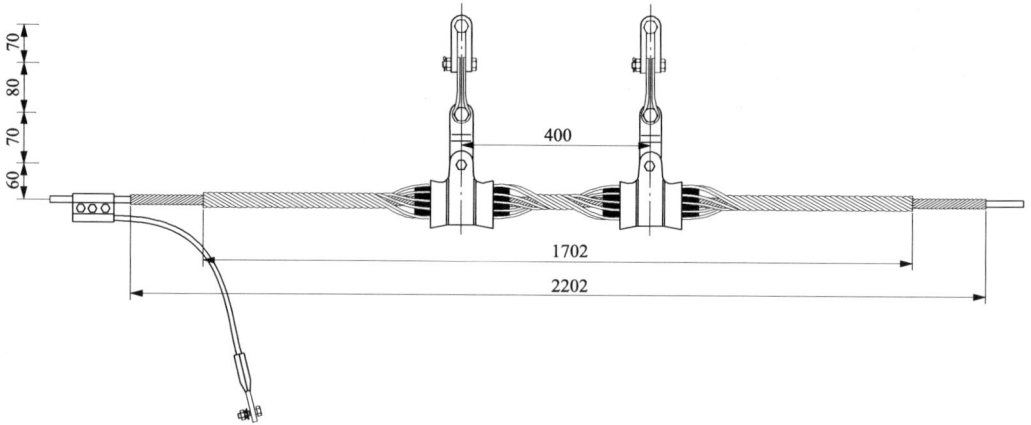

图 6-20　OPGW 地线双独立串

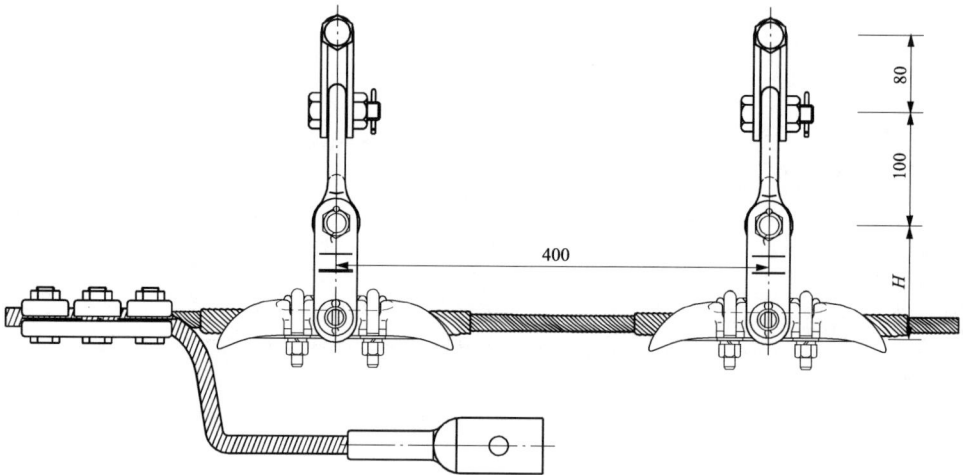

图 6-21　钢绞线（铝包钢绞线）双独立串

参考《国家电网公司关于印发〈架空输电线路"三跨"重大反事故措施（试行）〉的通知》（国家电网运检〔2016〕413 号）的要求，对于输电线路风振严重的区域，导地线线夹、防振锤和间隔棒容易受损，采用耐磨型连接金具能有效降低风振损坏，如图 6-22 所示。

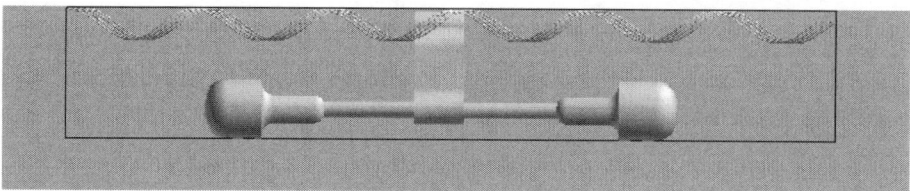

图 6-22　预绞式防振锤三维展示图（一）

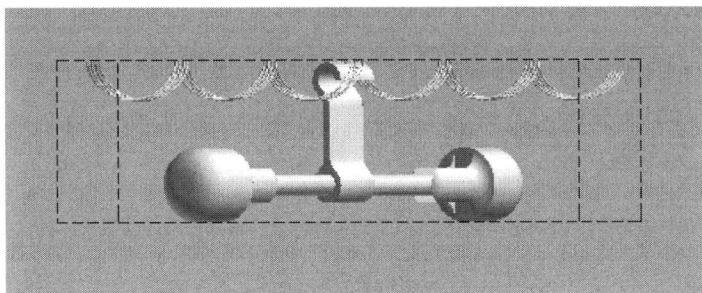

图 6-22 预绞式防振锤三维展示图（二）

6.8.1.10 跨越高铁时应安装分布式故障诊断装置和视频监控装置；跨越高速公路和重要输电通道时应安装图像或视频监控装置。

针对重要输电通道和三跨需安装监控或视频装置，如图 6-23 所示。

图 6-23 重要输电通道和三跨需安装监控或视频装置

6.8.1.11 "三跨"地线宜采用铝包钢绞线，光缆宜选用全铝包钢结构的 OPGW 光缆。

全铝包钢结构的地线或光缆导流效果好，可降低雷击造成的地线断股的几率。为防止断线事故发生，设计采用全铝包钢结构的 OPGW 光缆。

6.8.1.12 对特高压线路"三跨"，跨越档内导地线不应有接头；对其他电压等级"三跨"，耐张段内导地线不应有接头。

为避免"三跨"线路断线影响被跨越物安全，提出特高压跨越档和其他电压等级线路跨越耐张段内导、地线不应有接头的相关要求。

> **6.8.1.13** 750kV 及以下电压等级输电线路"三跨"金具应按照施工验收规定逐一检查压接质量，并按照"三跨"段内耐张线夹总数量 10% 的比例开展 X 射线无损检测。

运行经验表明，压接是导线金具运行中的薄弱环节。X 光透视等方法对"三跨"区段金具压接进行检查已成为一种较成熟可行的手段，可确保金具压接质量，及时发现压接缺陷。

7 防止输变电设备污闪事故

7.1 设计和基建阶段

7.1.1 新、改（扩）建输变电设备的外绝缘配置应以最新版污区分布图为基础，综合考虑附近的环境、气象、污秽发展和运行经验等因素确定。线路设计时，交流 c 级以下污区外绝缘按 c 级配置；c、d 级污区按照上限配置；e 级污区可按照实际情况配置，并适当留有裕度。变电站设计时，c 级以下污区外绝缘按 c 级配置；c、d 级污区可根据环境情况适当提高配置；e 级污区可按照实际情况配置。

结合近年开展输变电设计的实际情况，对不同污秽区的输、变电防污闪设计标准提出要求，强调外绝缘配置基本原则。

7.1.2 对于饱和等值盐密大于 $0.35mg/cm^2$ 的，应单独校核绝缘配置。特高压交直流工程一般需要开展专项沿线污秽调查以确定外绝缘配置。海拔超过 1000m 时，外绝缘配置应进行海拔修正。

考虑 e 级污区中，存在个别地区极重污秽情况，对等值盐密大于 $0.35mg/cm^2$ 的提出绝缘配置校核的特殊要求，可采取更换绝缘子和喷涂 PRTV（防污闪涂料）的措施。

当海拔超过 1000m 时，外绝缘配置应进行海拔修正。

7.1.3 选用合理的绝缘子材质和伞形。中重污区变电站悬垂串宜采用复合绝缘子，支柱绝缘子、组合电器宜采用硅橡胶外绝缘。变电站站址应尽量避让交流 e 级区，如不能避让，变电站宜采用 GIS、HGIS 设备或全户内变电站。中重污区输电线路悬垂串、220kV 及以下电压等级耐张串宜采用复合绝缘子，330kV 及以上电压等级耐张串宜采用瓷或玻璃绝缘子。对于自洁能力差（年平均降雨量小于 800mm）、冬春季易发生污闪的地区，若采用足够爬电距离的瓷或玻璃绝缘子仍无法满足安全运行需要时，宜采用工厂化喷涂防污闪涂料。

在中重污区变电站支柱绝缘子、悬垂绝缘子串和耐张绝缘子串均采用复合绝缘子。变电站选址尽量避开重污秽区。如不能避让，采用 GIS、HGIS 设备或建设全户内变电站。

对中重污区输电线路悬垂串，220kV 及以下电压等级与 330kV 及以上电压等级耐张串分别描述绝缘子选型要求，更符合实际情况。增加了对于自洁能力差爬距不满足要求工厂化喷涂防污闪涂料的规定。

> **7.1.4** 对易发生覆冰闪络、湿雪闪络或大雨闪络地区的外绝缘设计，宜采取采用 V 型串、不同盘径绝缘子组合或加装辅助伞裙等的措施。

增加了湿雪闪络地区的防护要求，增加了辅助伞裙等防护措施。试验表明，相同条件下，串长相同的 V 型绝缘子串绝缘子冰闪电压比同串长的悬垂 I 型绝缘子串高至少 40%；重覆冰区，建议采用 V 型绝缘子串绝缘子，可以有效减少覆冰闪络事故。

> **7.1.5** 对粉尘污染严重地区，宜选用自洁能力强的绝缘子，如外伞形绝缘子，变电设备可采取加装辅助伞裙等措施。玻璃绝缘子用于沿海、盐湖、水泥厂和冶炼厂等特殊区域时，应涂覆防污闪涂料。复合外绝缘用于苯、酒精类等化工厂附近时，应提高绝缘配置水平。

依据运行经验，粉尘类污染地区宜选用简单、自清洁性好的绝缘子。加装辅助伞裙是变电设备防粉尘的措施之一。考虑苯、酒精类等化工厂附近有机物排放影响复合绝缘子憎水性，故应提高绝缘配置水平。

> **7.1.6** 安装在非密封户内的设备外绝缘设计应考虑户内场湿度和实际污秽度，与户外设备外绝缘的污秽等级差异不宜大于一级。

在 110kV 变电站设计中，非密封户内设备的外绝缘等级与户外设备外绝缘等级一致或降低一级。

> **7.1.7** 加强绝缘子全过程管理，全面规范绝缘子选型、招标、监造、验收及安装等环节，确保使用运行经验成熟、质量稳定的绝缘子。

按照《十八项电网重大反事故措施》7.1.3 条文内容执行。

9 防止大型变压器(电抗器)损坏事故

9.1 防止变压器出口短路事故

9.1.2 在变压器设计阶段，应取得所订购变压器的短路承受能力计算报告，并开展短路承受能力复核工作，220kV及以上电压等级的变压器还应取得抗震计算报告。

图纸确认阶段要求厂家提供变压器的短路承受能力计算报告及相关抗短路能力校核资料。220kV及以上电压等级的变压器还应取得抗震计算报告。

9.1.4 220kV及以下主变压器的6kV～35kV中（低）压侧引线、户外母线（不含架空软导线型式）及接线端子应绝缘化；500(330)kV变压器35kV套管至母线的引线应绝缘化；变电站出口2km内的10kV线路应采用绝缘导线。

对主变压器的中低压侧引线及接线端子采用绝缘护套进行绝缘化处理如图9-1、图9-2所示分别为软、硬导线加装绝缘护套示意。变电站出口2km内的10kV架空线路采用绝缘导线。

图9-1 软导线加装绝缘护套   图9-2 硬导线加装绝缘护套

9.1.5 变压器中、低压侧至配电装置采用电缆连接时，应采用单芯电缆；运行中的三相统包电缆，应结合全寿命周期及运行情况进行逐步改造。

　　三相统包电缆故障率相对较高，发生单相接地故障时还经常演变衍生成为相间短路故障，对变压器影响较大。且同等载流量下，单芯电缆外径较小，便于施工安装。

　　设计中，主变压器中、低压侧采用电缆连接至配电装置。

9.3.1　设计制造阶段

　　9.3.1.1　油灭弧有载分接开关应选用油流速动继电器，不应采用具有气体报警（轻瓦斯）功能的气体继电器；真空灭弧有载分接开关应选用具有油流速动、气体报警（轻瓦斯）功能的气体继电器。新安装的真空灭弧有载分接开关，宜选用具有集气盒的气体继电器。

　　图纸确认阶段，依据条文要求，对厂家设备进行核实确认。

9.3.2　基建阶段

　　9.3.2.1　户外布置变压器的气体继电器、油流速动继电器、温度计、油位表应加装防雨罩，并加强与其相连的二次电缆接合部的防雨措施，二次电缆应采取防止雨水顺电缆倒灌的措施（如反水弯）。

　　对于户外布置变压器，图纸确认阶段，要求厂家加装防雨罩及防雨措施。

　　9.5.3　110(66)kV 及以上电压等级变压器套管接线端子（抱箍线夹）应采用 T2 纯铜材质热挤压成型。禁止采用黄铜材质或铸造成型的抱箍线夹。

　　黄铜材质抱箍线夹发生断裂故障较多，纯铜材质抱箍线夹不易产生应力腐蚀问题，在图纸确认阶段，要求厂家采用 T2 纯铜材质接线端子。

9.6　防止穿墙套管损坏事故

　　9.6.1　6～10kV 电压等级穿墙套管应选用不低于 20kV 电压等级的产品。

　　6～10kV 套管外绝缘爬距和干弧距离较小，且穿墙套管为水平安装，上表面易积灰造成对地放电，因此，选用 20kV 电压产品。

　　如图 9-3 所示为 10kV 系统选用 20kV 穿墙套管。

9.7　防止冷却系统损坏事故

9.7.1　设计制造阶段

　　9.7.1.1　优先选用自然油循环风冷或自冷方式的变压器。

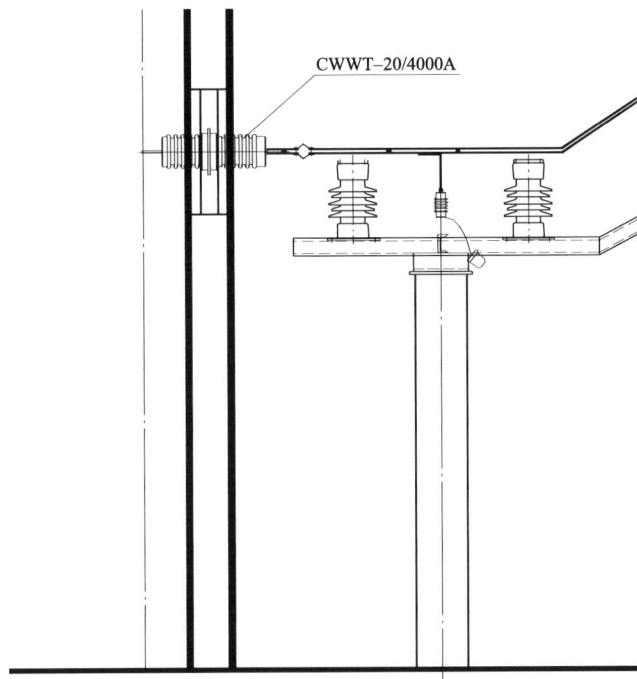

图 9-3　10kV 系统选用 20kV 穿墙套管

110kV 变压器多为 80MVA 以下，主要应用于无人值班变电站。潜油泵故障率较高，一旦出现故障，抢修人员无法及时到达现场，将造成变压器被迫停电。工程设计中，110kV 变压器选用自冷变压器。

9.7.2　基建阶段

9.7.2.1　冷却器与本体、气体继电器与储油柜之间连接的波纹管，两端口同心偏差不应大于 10mm。

波纹管两端口同心偏差过大，偏差产生的切向应力作用于波纹管褶皱上，易造成波纹管破损，导致漏油事故发生。

在图纸确认阶段，要求厂家按条文要求执行。

10 防止无功补偿装置损坏事故

10.2 防止并联电容器装置损坏事故

10.2.1 设计阶段

10.2.1.1 电容器单元选型时应采用内熔丝结构,单台电容器保护应避免同时采用外熔断器和内熔丝保护。

电容器外熔断器,内熔丝同时使用,可能导致保护失效。在图纸确认阶段,要求厂家按条文要求执行。

10.2.1.2 单台电容器耐爆容量不低于 15kJ。

根据 GB 50227—2017《并联电容器装置设计规范》及 GB/T 11024.3—2019《标称电压 1000V 以上交流电力系统用并联电容器 第 3 部分:并联电容器和并联电容器组的保护》相关要求,在图纸确认阶段,要求厂家按条文要求执行。

10.2.1.5 电容器端子间或端子与汇流母线间的连接应采用带绝缘护套的软铜线。

电容器组设计紧凑,绝缘距离裕度很小,极易因鸟类等窜入导致相间短路,且硬质导线发热膨胀易使电容器套管受力损伤。

在图纸确认阶段,要求厂家采用带绝缘护套的软铜连接线。

10.2.1.6 新安装电容器的汇流母线应采用铜排。

在图纸确认阶段,要求厂家选用配热缩护套和绝缘盒的铜质汇流母线。

10.2.1.7 放电线圈应采用全密封结构,放电线圈首、末端必须与电容器首、末端相连接。

放电线圈首、末端必须与电容器首、末端相连接（如图 10-1 所示），是为避免放电线圈回路把串联电抗器也包含进去的错误接线方式。

在图纸确认阶段，要求厂家按条文要求执行。

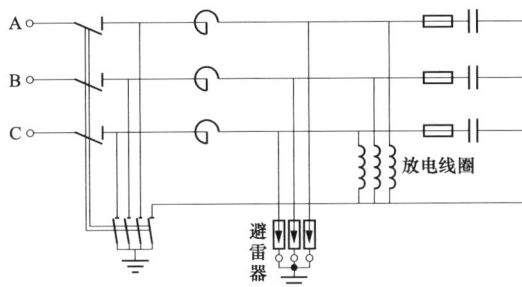

图 10-1　放电线圈首、末端与电容器首、末端相连接

10.2.1.8　电容器组过电压保护用金属氧化物避雷器接线方式应采用星形接线、中性点直接接地方式。

部分工程试图解决电容器组的极间过电压保护，采取 3 台避雷器星接后，中性点经避雷器接地的"3＋1"接地方式。但这种接地方式极对地保护水平不可靠，又无电容器的极间保护功能，且对避雷器通流容量要求高，实际避雷器难以满足要求，降低了运行可靠性。

在图纸确认阶段，要求厂家按条文要求执行。

如图 10-2 所示为避雷器星形接线，中性点直接接地示意。

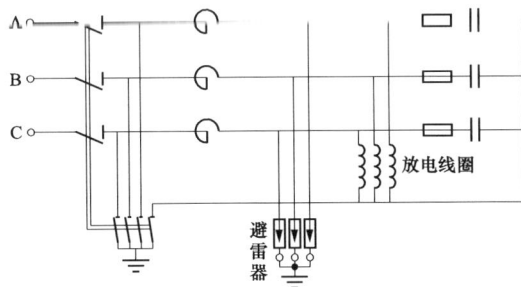

图 10-2　避雷器星形接线、中性点直接接地

10.2.1.11　电容器成套装置生产厂家应提供电容器组保护计算方法和保护整定值。

图纸确认阶段，要求厂家提供电容器组保护计算方法和保护整定值。

10.2.1.12 框架式并联电容器组户内安装时，应按照生产厂家提供的余热功率对电容器室（柜）进行通风设计。

电容器室通风设计会根据厂家提供的资料，按散热量计算通风量。

10.2.1.13 电容器室进风口和出风口应对侧对角布置。

电容器室在大门侧墙体上设计自然进风百叶，屋顶设置屋顶风机机械排风，进出风口不同侧，不同高度，如图 10-3 所示。

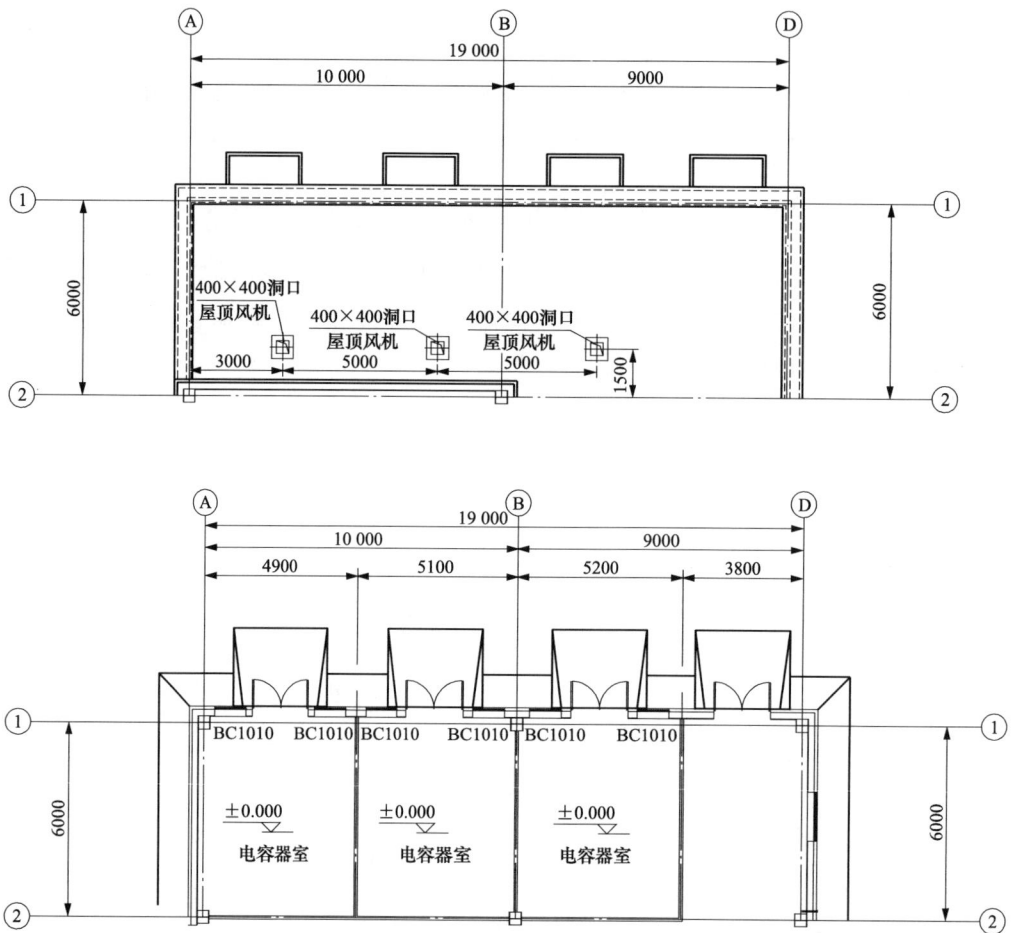

图 10-3　风机布置示意图

10.3 防止干式电抗器损坏事故

10.3.1 设计阶段

10.3.1.1 并联电容器用串联电抗器用于抑制谐波时，电抗率应根据并联电容器装置接入电网处的背景谐波含量的测量值选择，避免同谐波发生谐振或谐波过度放大。

由于电力系统 10kV 谐波一般以 5 次、3 次谐波为主，所以，110kV 变电站通用设计方案中，10kV 每段母线配置两台并联电容器组成套装置，按一台电抗率 5%、一台电抗率 12% 配置。

其他情况下，应根据谐波含量选择电抗率参数。

10.3.1.2 35kV 及以下户内串联电抗器应选用干式铁心或油浸式电抗器。户外串联电抗器应优先选用干式空心电抗器，当户外现场安装环境受限而无法采用干式空心电抗器时，应选用油浸式电抗器。

干式空心电抗器抗短路电流冲击能力较强、线性度好、机械强度高、噪声低、体积较大等特点，但干式空心电抗器漏磁很大，如果安装在户内，会对同一建筑物内的通信、继电保护设备产生很大的电磁干扰。

如图 10-4 所示为干式空心电抗器户外布置示意图。

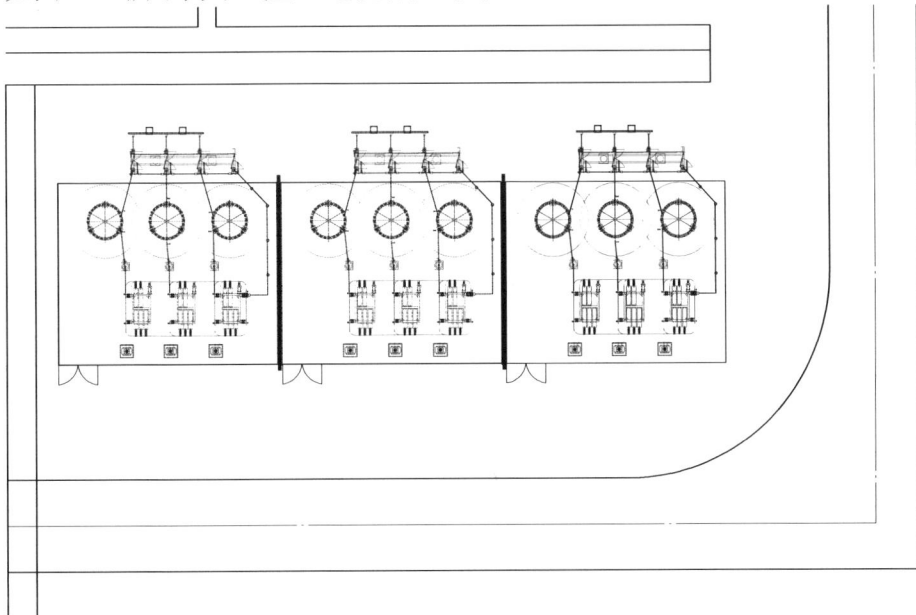

图 10-4 干式空心电抗器户外布置示意图

10.3.1.3 新安装的干式空心并联电抗器、35kV 及以上干式空心串联电抗器不应采用叠装结构,10kV 干式空心串联电抗器应采取有效措施防止电抗器单相事故发展为相间事故。

叠装式的空心串联电抗器相间距离较近,在一相因故障发热、冒烟时,容易引发相间短路。若有小动物或较大鸟类窜入电抗器内,也有可能造成相间短路故障,干式空心并联电抗器与 35kV 及以上干式空心串联电抗器采用非叠装结构;110kV 变电站的 10kV 并联电容器装置户外布置时,若受占地面积等条件限制只能采用电抗器三相叠装方式,在图纸确认阶段加大电抗器相间距离并加装防小动物设施,防止相间短路。

如图 10-5 所示为干式空心电抗器品字形布置。

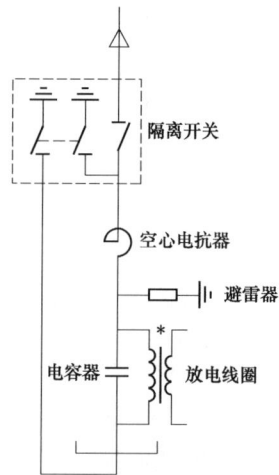

10.3.1.4 干式空心串联电抗器应安装在电容器组首端,在系统短路电流大的安装点,设计时应校核其动、热稳定性。

为避免当电容器组出现相间短路时电抗器承受短路电流产生的动热损伤而损坏,避免短路电流对主变压器造成冲击,将干式空心串联电抗器布置在电容器组首端,如图 10-6 所示。

图 10-5　干式空心电抗器品字形布置　　图 10-6　干式空心串联电抗器布置于
电容器组首端

10.3.1.5 户外装设的干式空心电抗器,包封外表面应有防污和防紫外线措施。电抗器外露金属部位应有良好的防腐蚀涂层。

图纸确认阶段，要求厂家对电抗器包封外表面喷涂防紫外线和防污闪涂料，降低绝缘老化速度。

10.3.1.6 新安装的35kV及以上干式空心并联电抗器，产品结构应具有防鸟、防雨功能。

图纸确认阶段，要求厂家加装防雨罩和防鸟格栅，如图10-7所示。

图10-7　防雨罩与防鸟格栅

11 防止互感器损坏事故

11.1 防止油浸式互感器损坏事故

11.1.1 设计阶段

11.1.1.5 所选用电流互感器的动、热稳定性应满足安装地点系统短路容量的远期要求，一次绕组串联时也应满足安装地点系统短路容量的要求。

电流互感器的动、热稳定电流是按照互感器一次电流倍数表征的，因此，在选择电流互感器变比时，既要考虑负荷电流，也要满足远期短路电流和短路冲击电流的影响（并联或串联方式），避免互感器投运后短时间内出现短路容量不足的问题。

11.1.2 基建阶段

11.1.2.1 电磁式电压互感器在交接试验时，应进行空载电流测量。励磁特性的拐点电压应大于 $1.5U_m/\sqrt{3}$（中性点有效接地系统）或 $1.9U_m/\sqrt{3}$（中性点非有效接地系统）。

在设备招标阶段，技术规范书中要求励磁特性的拐点电压应大于 $1.5U_m/\sqrt{3}$（中性点有效接地系统）或 $1.9U_m/\sqrt{3}$（中性点非有效接地系统）。

11.2 防止气体绝缘互感器损坏事故

11.2.1 设计制造阶段

11.2.1.2 最低温度为－25℃及以下的地区，户外不宜选用 SF_6 气体绝缘互感器。

根据 SF_6 气体的温度、压力和密度曲线，在－25℃、0.6MPa 条件下，SF_6 气体发生液化。因此，在－25℃及以下的地区，不选用 SF_6 气体绝缘互感器。

11.2.1.4 SF_6 密度继电器与互感器设备本体之间的连接方式应满足不拆卸校验密度继电器的要求，户外安装应加装防雨罩。

密度继电器连接应满足不拆卸校验的要求，避免校验时拆卸造成密封不良、气体泄漏等问题。增加防雨罩可防止二次接线受潮、锈蚀引起的接触不良、开路或接地等问题。防雨罩应覆盖密度继电器、控制电缆接线端子。

图纸确认阶段，设计单位要求制造厂商按此要求执行，加装防雨罩。

11.3 防止电子式互感器损坏事故

11.3.1 设计制造阶段

11.3.1.1 电子式电流互感器测量传输模块应有两路独立电源，每路电源均有监视功能。

根据《国家电网公司防止直流换流站单、双极强迫停运二十一项反事故措施》（国家电网生〔2011〕961号）5.1.13的要求，光电流互感器、零磁通电流互感器等设备测量传输环节中的模块，如电子单元、合并单元、模拟量输出模块、差分放大器等，应由两路独立电源或两路电源经DC/DC转换耦合供电，每路电源具有失电监视功能，同时根据第7.1.5的要求，电子式电流互感器的测量传输模块应由两路独立的电源，防止因一路电源失电后导致互感器的信息无法传输，且每路电源均有监视功能。

确认图纸时，要求厂家按此要求执行。

11.3.1.2 电子式电流互感器传输回路应选用可靠的光纤耦合器，户外采集卡接线盒应满足IP67防尘防水等级，采集卡应满足安装地点最高、最低运行温度要求。

实际运行中，有变电站出现采集盒内进水现象，因此，要求提高采集盒防水防尘等级。

采集卡应满足最高和最低运行温度要求，防止采集卡因形变导致采集量不准确。

设备招标时，在技术规范书中对制造厂商提出要求。

11.3.1.3 电子式互感器的采集器应具备良好的环境适应性和抗电磁干扰能力。

电子式互感器大部分事故是由于采集器的抗电磁干扰能力不强，导致保护误动作，因此，要求电子式互感器的采集器具备良好的环境适应性和抗电磁干扰能力。

设备招标时，在技术规范书中对制造厂商提出要求。

> **11.3.3.2** 电子式互感器应加强在线监测装置光功率显示值及告警信息的监视。

在后台监控界面增加光路的各个显示值的实时数据信息以及告警信息，便于运维人员观察对比光功率数值变化趋势，提前发现异常状况，减少装置损坏的概率，及时处理突发情况。

设备招标时，在技术规范书中对制造厂商提出要求。

> ### 11.4 防止干式互感器损坏事故
> #### 11.4.1 设计阶段
> **11.4.1.1** 变电站户外不宜选用环氧树脂浇注干式电流互感器。

根据实际运行工作经验，变电站户外环氧树脂浇注干式电流互感器事故率较高。环氧树脂弹性系数差，长期运行在户外环境下，特别是温差较大、腐蚀严重的地区，容器丧失弹性和机械强度，最终造成绝缘老化和开裂。

110kV 户外变电站选用油浸电流互感器或 SF_6 电流互感器。

> #### 11.4.2 基建阶段
> **11.4.2.2** 电磁式干式电压互感器在交接试验时，应进行空载电流测量。励磁特性的拐点电压应大于 $1.5U_m/\sqrt{3}$（中性点有效接地系统）或 $1.9U_m/\sqrt{3}$（中性点非有效接地系统）。

在设备招标阶段，技术规范书中要求励磁特性的拐点电压应大于 $1.5U_m/\sqrt{3}$（中性点有效接地系统）或 $1.9U_m/\sqrt{3}$（中性点非有效接地系统）。

12 防止GIS、开关设备事故

12.1 防止断路器事故

12.1.1 设计制造阶段

12.1.1.2 断路器出厂试验前应进行不少于200次的机械操作试验（其中每100次操作试验的最后20次应为重合闸操作试验）。投切并联电容器、交流滤波器用断路器型式试验项目必须包含投切电容器组试验，断路器必须选用C2级断路器。真空断路器灭弧室出厂前应逐台进行老炼试验，并提供老炼试验报告；用于投切并联电容器的真空断路器出厂前应整台进行老炼试验，并提供老炼试验报告。断路器动作次数计数器不得带有复归机构。

根据 GB/T 1984—2014《高压交流断路器》，断路器的重击穿性能可分为两级：C1级，容性电流开断过程中具有低的重击穿概率；C2级，容性电流开断过程中具有非常低的重击穿概率。

对用于投切电容器负荷的断路器，触头在合闸时需承受暂态电压和关合涌流，分闸时需承受触头分开后其两端的恢复电压。在开断容性负载时，电流过零时电压处于最大幅值，容性负载残余电压可能造成分断过程中电弧重击穿，损伤触头等，极端情况下可能造成设备爆炸。

断路器动作计数器是评估断路器机械寿命的重要装置。带有复归机构的动作计数器会影响数据的可信度。

在设备选择时，断路器动作计数器选用不具有回拨功能的机械式计数器。10kV配电装置的电容器出线柜柜内断路器选用C2级。

如图12-1所示为10kV电容器出线柜一次系

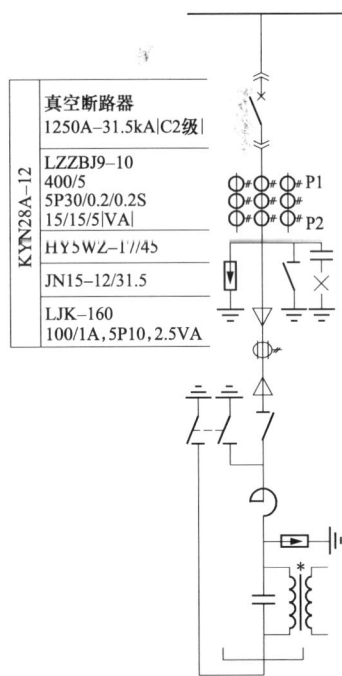

图 12-1　10kV 电容器出线柜一次系统图

统图。

12.1.1.5 户外汇控箱或机构箱的防护等级应不低于 IP45W，箱体应设置可使箱内空气流通的迷宫式通风口，并具有防腐、防雨、防风、防潮、防尘和防小动物进入的性能。

带有智能终端、合并单元的智能控制柜防护等级应不低于 IP55。非一体化的汇控箱与机构箱应分别设置温度、湿度控制装置。

户外汇控箱或机构箱的防护等级应不低于 IP45W，主要是考虑户外箱体进水受潮问题，智能控制柜防护等级 IP55 为全封闭结构。IP5X 为防尘结构，空气流通性差，存在潮气无法排出导致的凝露问题。

采用迷宫式通风口，主要是防尘和防小动物，一定程度上，与相关除湿系统配合，可提升防潮性能。

智能控制柜中的元器件对灰尘、湿气等更为敏感，防护等级应不低于 IP55。

非一体化的汇控箱与机构箱，两者之间的温度、湿度不一致，不能采用同一套控制器形成投切策略，应分别设置温度、湿度控制装置。

在设备招标时，要求户外智能控制柜具备温度调节功能，附装空调、加热器或其他控温设备，柜内湿度应保持在 90% 以下，柜内温度应保持在 5～55℃之间。

12.1.1.6 开关设备二次回路及元器件应满足以下要求：

12.1.1.6.3 断路器分、合闸控制回路的端子间应有端子隔开，或采取其他有效防误动措施。

分、合闸出口回路端子之间进行隔离是为了防止端子箱受潮、端子排绝缘降低等原因造成分、合闸回路间绝缘击穿，进而引起误动作。

在图纸确认时，要求厂家在断路器分、合闸控制回路的端子间预留空端子隔开。

如图 12-2 所示为断路器分合闸控制回路端子排。

12.1.1.9 断路器机构分合闸控制回路不应串接整流模块、熔断器或电阻器。

本条文针对断路器分合闸控制回路提出要求，防止断路器分合闸控制回路因串接整流模块故障、熔断器熔断或电阻器烧损原因，导致控制电源消失、控制回路断

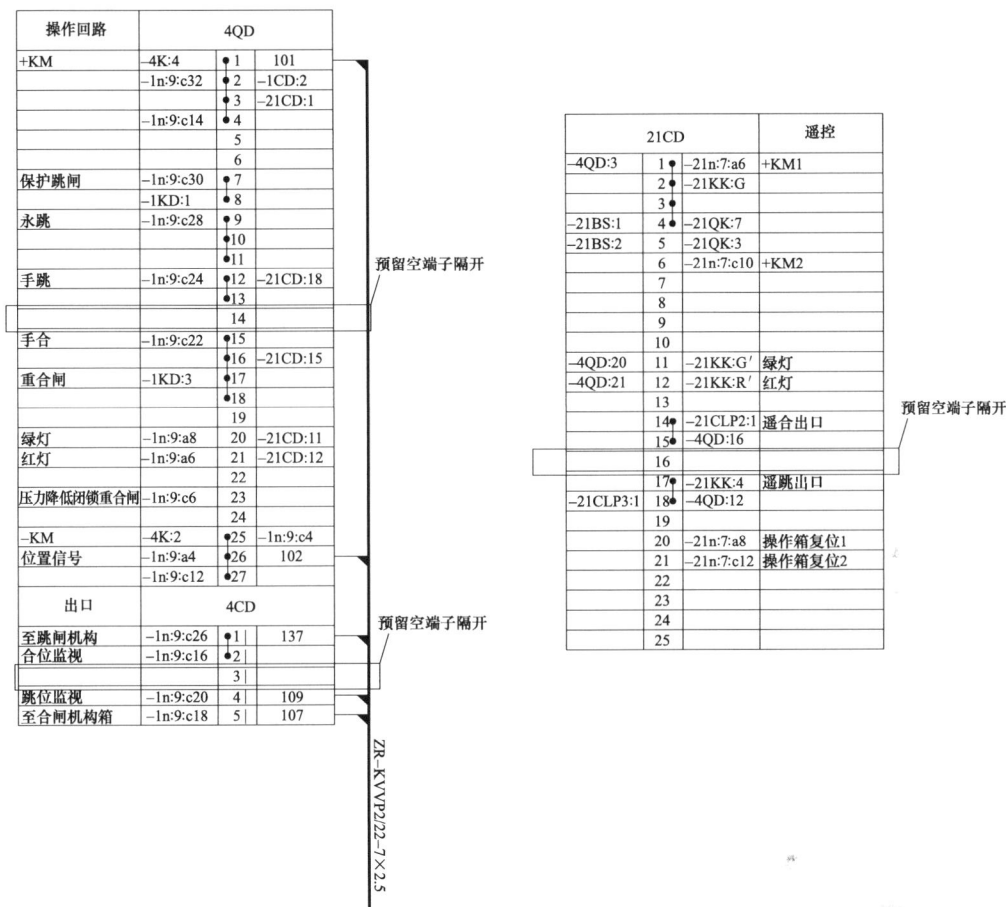

操作回路	4QD		
+KM	-4K:4	•1	101
	-1n:9:c32	•2	-1CD:2
		•3	-21CD:1
	-1n:9:c14	•4	
		5	
		6	
保护跳闸	-1n:9:c30	•7	
	-1KD:1	•8	
永跳	-1n:9:c28	•9	
		•10	
		•11	
手跳	-1n:9:c24	•12	-21CD:18
		•13	
		14	
手合	-1n:9:c22	•15	
		16	-21CD:15
重合闸	-1KD:3	•17	
		•18	
		19	
绿灯	-1n:9:a8	20	-21CD:11
红灯	-1n:9:a6	21	-21CD:12
		22	
压力降低闭锁重合闸	-1n:9:c6	23	
		24	
-KM	-4K:2	•25	-1n:9:c4
位置信号	-1n:9:a4	•26	102
	-1n:9:c12	•27	
出口	4CD		
至跳闸机构	-1n:9:c26	•1	137
合位监视	-1n:9:c16	•2	
		3	
跳位监视	-1n:9:c20	4	109
至合闸机构箱	-1n:9:c18	5	107

预留空端子隔开

ZR-KVVP2/22-7×2.5

21CD			遥控
-4QD:3	1	-21n:7:a6	+KM1
	2		-21KK:G
	3		
-21BS:1	4		-21QK:7
-21BS:2	5		-21QK:3
	6	-21n:7:c10	+KM2
	7		
	8		
	9		
	10		
-4QD:20	11		-21KK:G' 绿灯
-4QD:21	12		-21KK:R' 红灯
	13		
	14		-21CLP2:1 遥合出口
	15		-4QD:16
	16		
	17		-21KK:4 遥跳出口
-21CLP3:1	18		-4QD:12
	19		
	20	-21n:7:a8	操作箱复位1
	21	-21n:7:c12	操作箱复位2
	22		
	23		
	24		
	25		

预留空端子隔开

图 12-2　断路器分合闸控制回路端子排

线或断路器拒动。如图 12-3 所示为早期断路器机构分合闸控制回路中串接有整流模块，图 12-4 所示为目前断路器机构分合闸控制回路中未串接整流模块。在图纸确认时，要求厂家按照图 12-4 执行。

12.1.1.10 断路器液压机构应具有防止失压后慢分慢合的机械装置。液压机构验收、检修时应对机构防慢分慢合装置的可靠性进行试验。

Q/GDW 13082.1—2014《126kV～550kV 交流断路器采购标准　第 1 部分：通用技术规范》5.2.3.2 规定，液压机构应配有电气和机械的防慢分装置。

失压防慢分是指断路器在合闸状态下，液压机构突然失压，由差动原理形成相对稳定状态的阀体在复位弹簧作用下移动复位到分闸位置，在液压系统压力的重建过程中，断路器缓慢分闸，此时断路器分闸速度严重不足，开断水平严重下降，可

65

能造成设备爆炸的严重后果。

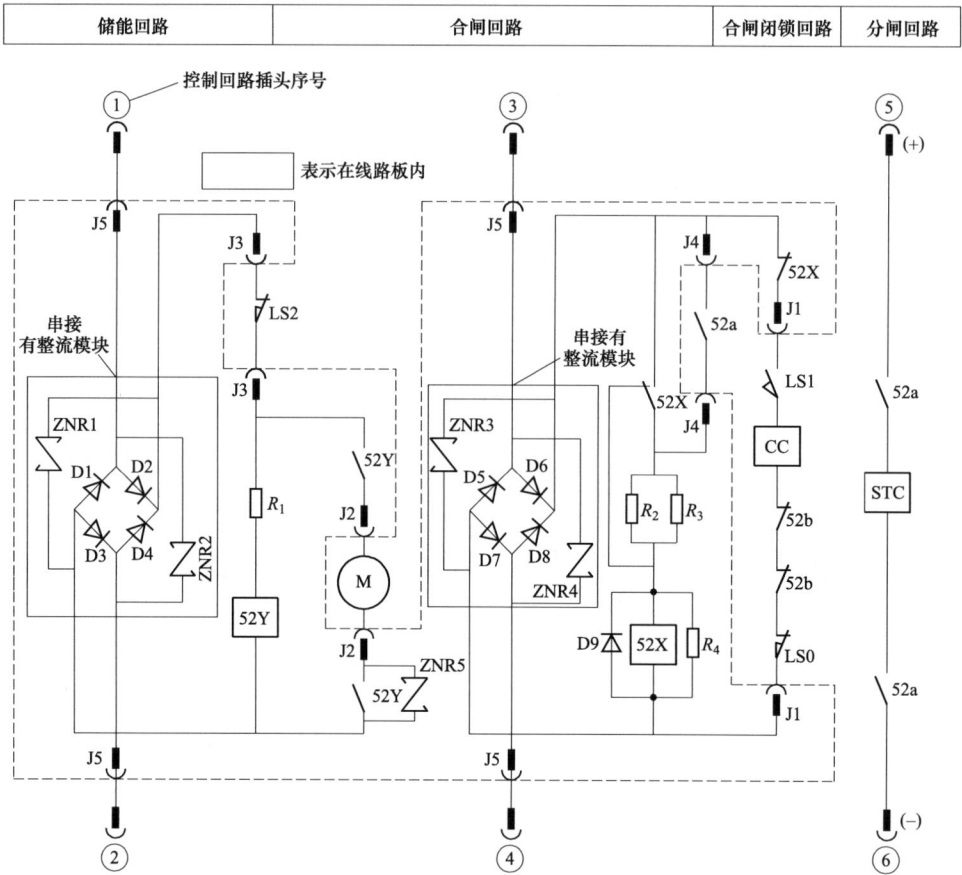

图 12-3 早期断路器机构合闸回路中串接有整流模块

设备招标阶段，设计单位要求制造厂商按此要求执行。

12.2 防止 GIS 事故

12.2.1 设计制造阶段

12.2.1.2 GIS 气室应划分合理，并满足以下要求：

12.2.1.2.1 GIS 最大气室的气体处理时间不超过 8h。252kV 及以下设备单个气室长度不超过 15m，且单个主母线气室对应间隔不超过 3 个。

GIS 单个气室过大，故障影响多个间隔，给检修带来不便。252kV 及以下设备单个气室长度不超过 15m，且单个主母线气室对应间隔不超过 3 个，便于现场执行。

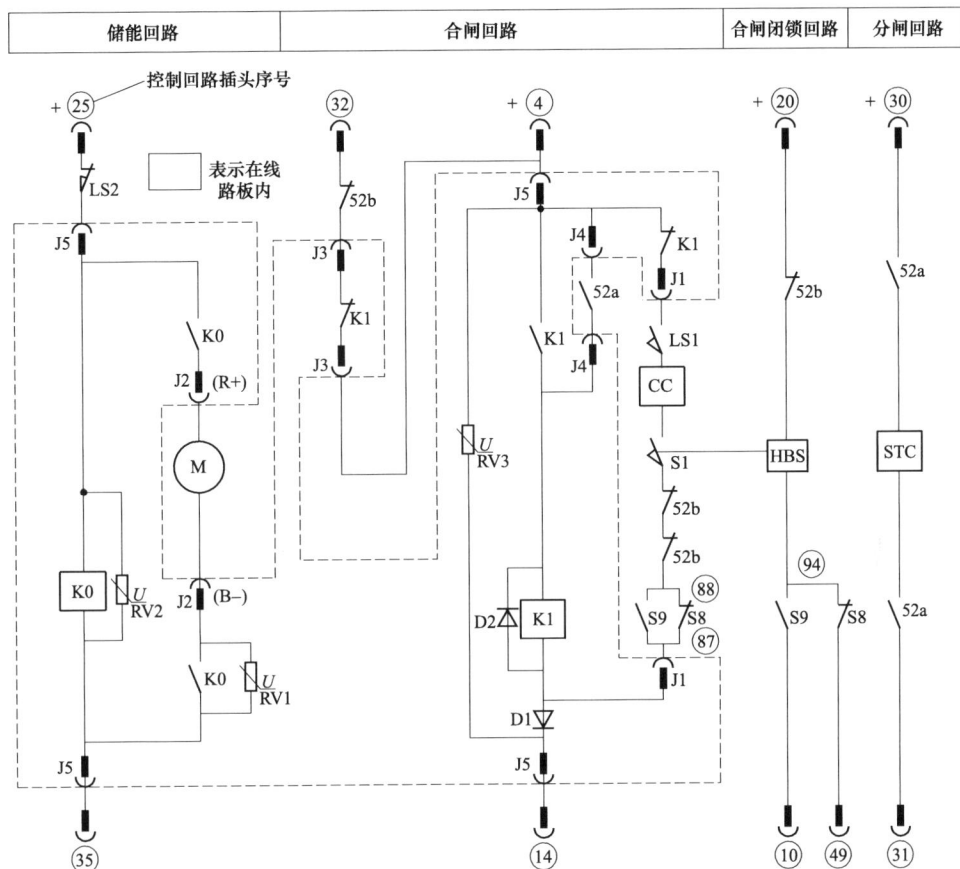

图 12-4　目前断路器机构分合闸回路中未串接整流模块

110kV GIS 单母线分段接线，单个间隔母线及母线隔离开关为独立气室，如图 12-5 所示。

110kV GIS 双母线接线，单个气室长度不超过 15m，且单个主母线气室对应间隔不超过 3 个，如图 12-6 所示。

12.2.1.2.2　双母线结构的 GIS，同一间隔的不同母线隔离开关应各自设置独立隔室。252kV 及以上 GIS 母线隔离开关禁止采用与母线共隔室的设计结构。

双母线结构的 GIS，其同一出线间隔的两组母线隔离开关如处于同一隔室，一旦发生故障将会导致两条母线全停。

110kV GIS 双母线接线，同一间隔的不同母线隔离开关应各自设置独立隔室，单个气室长度不超过 15m，且单个主母线气室对应间隔不超过 3 个。

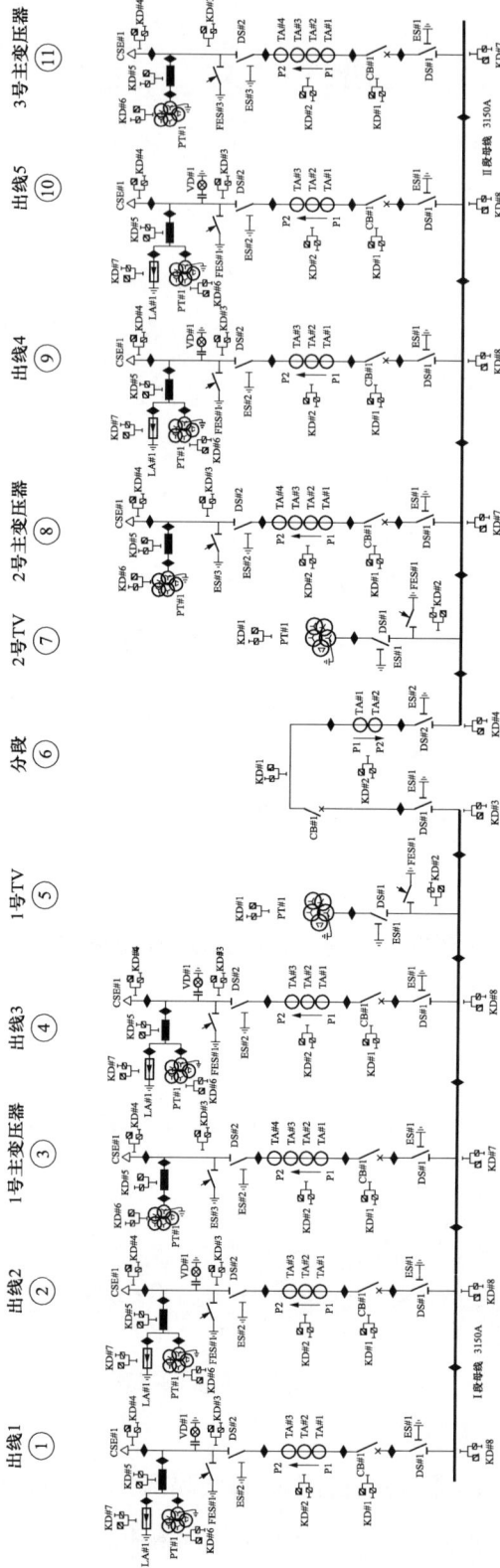

图 12-5　110kV 配电装置（单母线分段）气室分割示意图

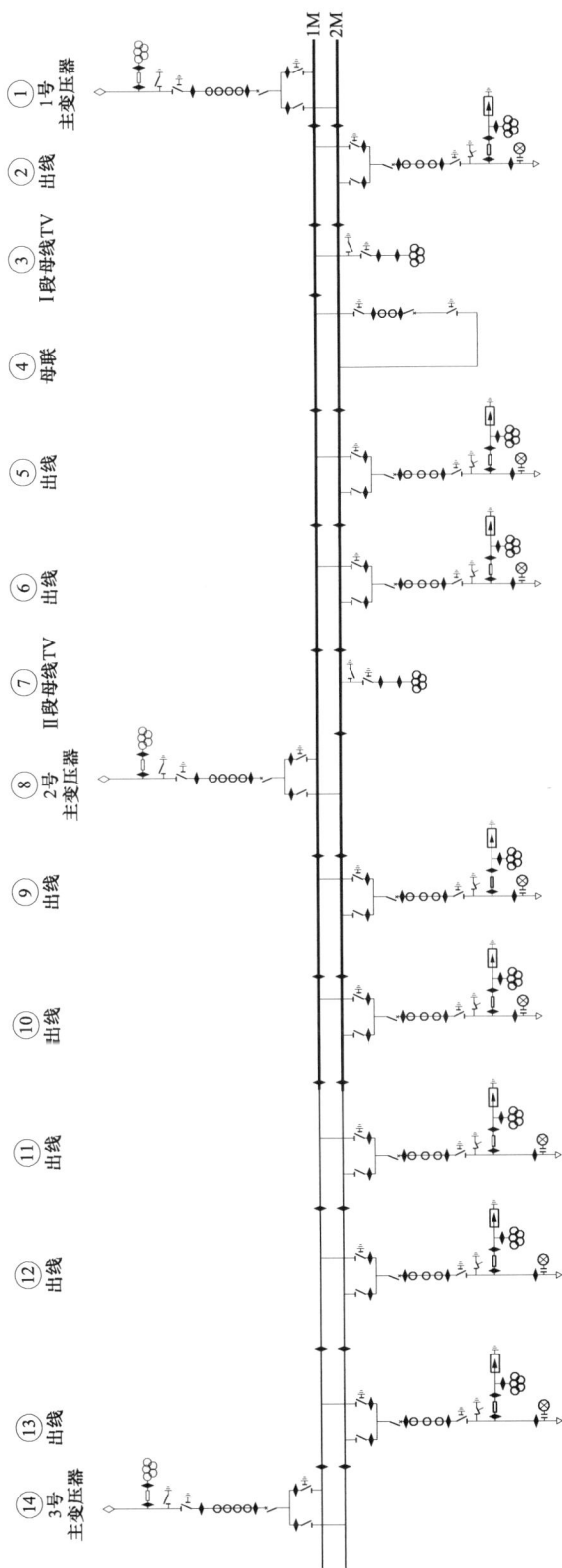

图 12-6 110kV 配电装置（双母线）气室分割示意图

12.2.1.2.3 三相分箱的 GIS 母线及断路器气室，禁止采用管路连接。独立气室应安装单独的密度继电器，密度继电器表计应朝向巡视通道。

设备招标阶段，设计单位要求制造厂商按此要求执行。

如图 12-7 所示为三相分箱的 GIS 母线及断路器气室，如图 12-8 所示为气体密度继电器。

独立气室安装单独的密度继电器，密度继电器表计朝向巡视通道

图 12-7　三相分箱的 GIS 母线及断路器气室

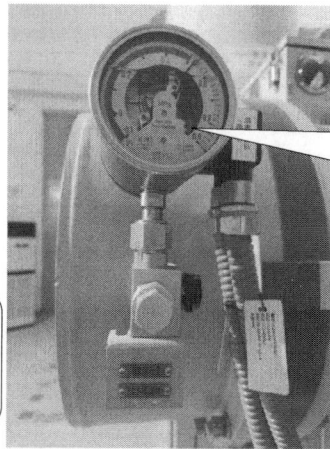

独立气室安装单独的密度继电器，密度继电器表计朝向巡视通道

图 12-8　气室密度继电器

12.2.1.3 生产厂家应在设备投标、资料确认等阶段提供工程伸缩节配置方案，并经业主单位组织审核。方案内容包括伸缩节类型、数量、位置及"伸缩节（状态）伸缩量—环境温度"对应明细表等调整参数。伸缩节配置应满足跨不均匀沉降部位（室外不同基础、室内伸缩缝等）的要求。用于轴向补偿的伸缩节应配备伸缩量计量尺。

伸缩量计量尺

图 12-9　伸缩节伸缩量计量尺

确认图纸阶段，设计单位要求制造厂商按此要求执行。伸缩节配置应满足跨不均匀沉降部位（室外不同基础、室内伸缩缝等）的要求。用于轴向补偿的伸缩节应配备伸缩量计量尺，如图 12-9 所示。

12.2.1.4 双母线、单母线或桥形接线中，GIS 母线避雷器和电压互感器应设置独立的隔离开关。3/2 断路器接线中，GIS 母线避雷器和电压互感器不应装设隔离开关，宜设置可拆卸导体作为隔离装置。可拆卸导体应设置于独立的气室内。架空进线的 GIS 线路间隔的避雷器和线路电压互感器宜采用外置结构。

避雷器、电压互感器额定绝缘水平低于 GIS，不能承受 GIS 绝缘试验电压。为了便于试验，应设置隔离装置或将避雷和电压互感器外置。

（1）110kV 线路避雷器和电压互感器设置可拆卸导体作为隔离装置，可拆卸导体应设置于独立的气室内，如图 12-10 所示。

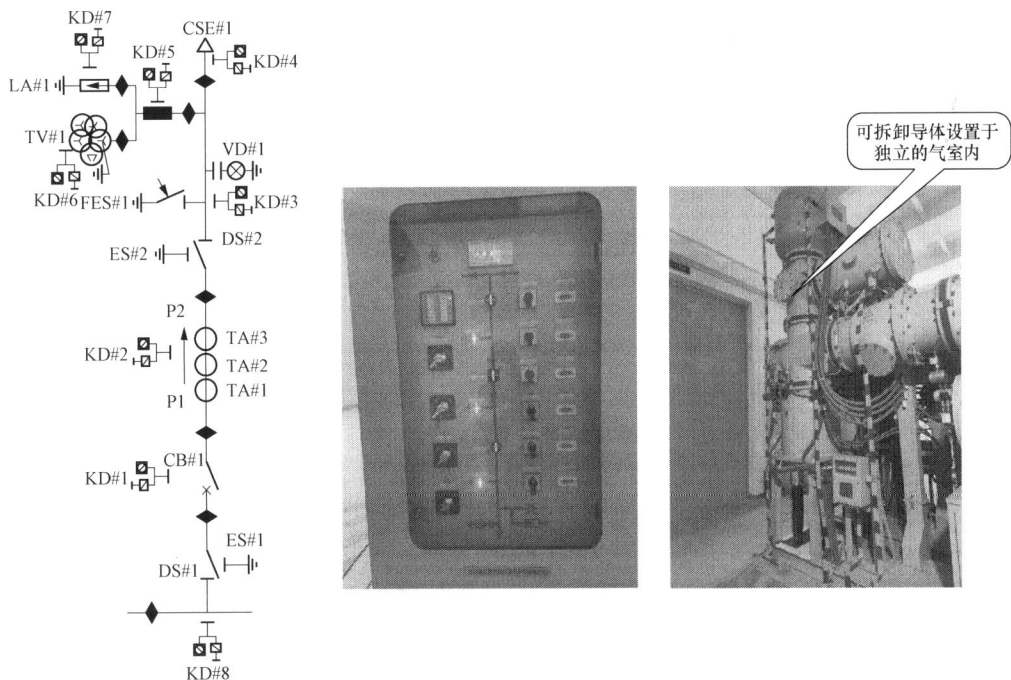

图 12-10　电缆出线间隔

（2）110kV 母线避雷器和电压互感器应设置独立的隔离开关，如图 12-11 所示。

（3）架空进线的 GIS 线路间隔的避雷器和线路电压互感器宜采用外置结构，如图 12-12 所示。

（4）3/2 接线，根据 DL/T 5218—2012《220kV～750kV 变电站设计技术规程》5.1.8 的要求，不应在母线避雷器和电压互感器前端设置隔离开关；同时对馈线也不应设置。避免误操作或其他原因导致相关设备失去避雷器和电压互感器运行。

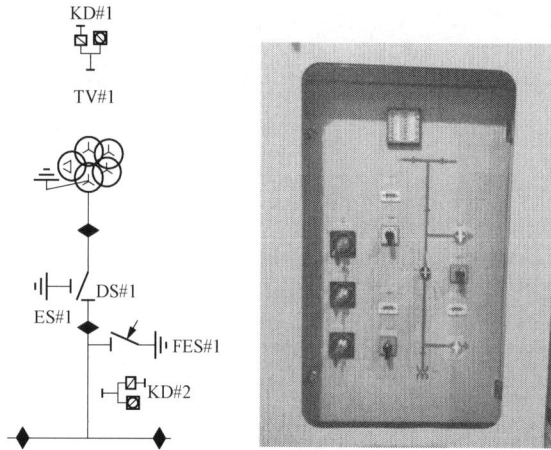

图 12-11 母线设备间隔

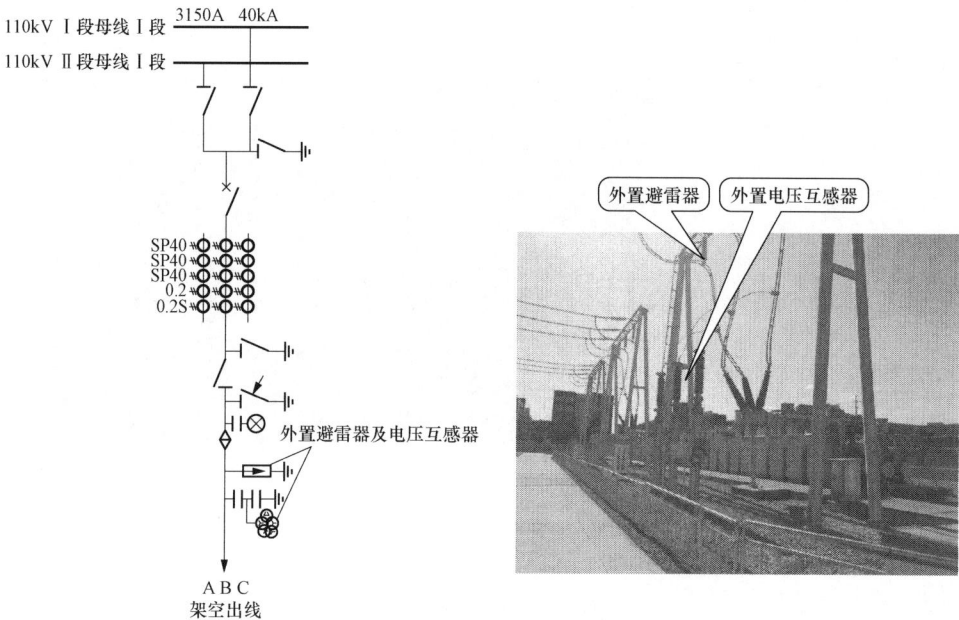

图 12-12 外置避雷器与电压互感器

12.2.1.5 新投运 GIS 采用带金属法兰的盆式绝缘子时，应预留窗口用于特高频局部放电检测。采用此结构的盆式绝缘子可取消罐体对接处的跨接片，但生产厂家应提供型式试验依据。如需采用跨接片，户外 GIS 罐体上应有专用跨接部位，禁止通过法兰螺栓直连。

110kV GIS 盆式绝缘子采用专用跨接片以保证可靠连接，禁止通过法兰螺栓直连，如图 12-13 所示。

图 12-13　GIS 跨接片

12.2.1.7　同一分段的同侧 GIS 母线原则上一次建成。如计划扩建母线，宜在扩建接口处预装可拆卸导体的独立隔室；如计划扩建出线间隔，应将母线隔离开关、接地开关与就地工作电源一次上全。预留间隔气室应加装密度继电器并接入监控系统。

为了便于扩建工程施工及试验时停电范围和气体处理范围不扩大，缩短施工时间。本期和扩建的接口处应保留一个气体和电气独立的气室，并且该气室应纳入运行设备管理。

如图 12-14 所示为 110kV 配电装置气室分割示意图。

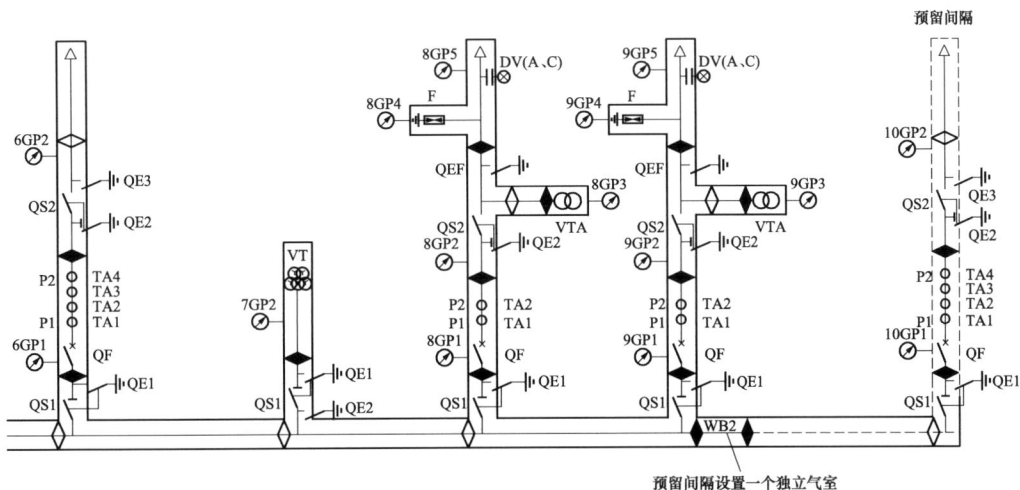

图 12-14　110kV 配电装置气室分割示意图

12.2.1.9 盆式绝缘子应尽量避免水平布置。

建议避免盆式绝缘子水平布置设计，尤其是在断路器、隔离开关及接地开关等具有插接式运动磨损部件下方的绝缘子，避免触头动作产生金属屑落入盆子，造成盆子沿面放电。

确认图纸时，要求厂家根据条文要求优化 GIS 结构设计。

12.3 防止敞开式隔离开关、接地开关事故

12.3.1 设计制造阶段

12.3.1.1 风沙活动严重、严寒、重污秽、多风地区以及采用悬吊式管形母线的变电站，不宜选用配钳夹式触头的单臂伸缩式隔离开关。

单臂伸缩式隔离开关（包含单柱单臂垂直伸缩式隔离开关及双柱水平伸缩式隔离开关）破冰能力较差，钳夹式触头易受污秽和结冰等影响，导致触头动作卡滞、电接触面受污染造成接触不良等故障。采用悬吊式管母线布置的变电站，管母存在微风振动现象，造成隔离开关触头接触不良发热及伸缩臂变形无法分合操作等问题。

12.3.1.2 隔离开关主触头镀银层厚度应不小于 $20\mu m$，硬度不小于 120HV，并开展镀层结合力抽检。出厂试验应进行金属镀层检测。导电回路不同金属接触应采取镀银、搪锡等有效过渡措施。

触头镀银层经受分合闸操作摩擦后可能脱落、剥离，根据《国家电网有限公司物资采购标准》规定，隔离开关出厂试验应开展金属镀层检测。

在设备招标阶段，在技术规范书中对制造厂商要求。

12.3.1.12 操动机构内应装设一套能可靠切断电动机电源的过载保护装置。电机电源消失时，控制回路应解除自保持。

本条为针对防止电动操作不停止导致设备损坏，以及防止某些情况下操作后接触器未失磁时投电机电源隔离开关误动的相关要求。

在图纸确认时，要求厂家按此条款执行。

如图 12-15 所示为电动操动机构主回路和控制回路图。

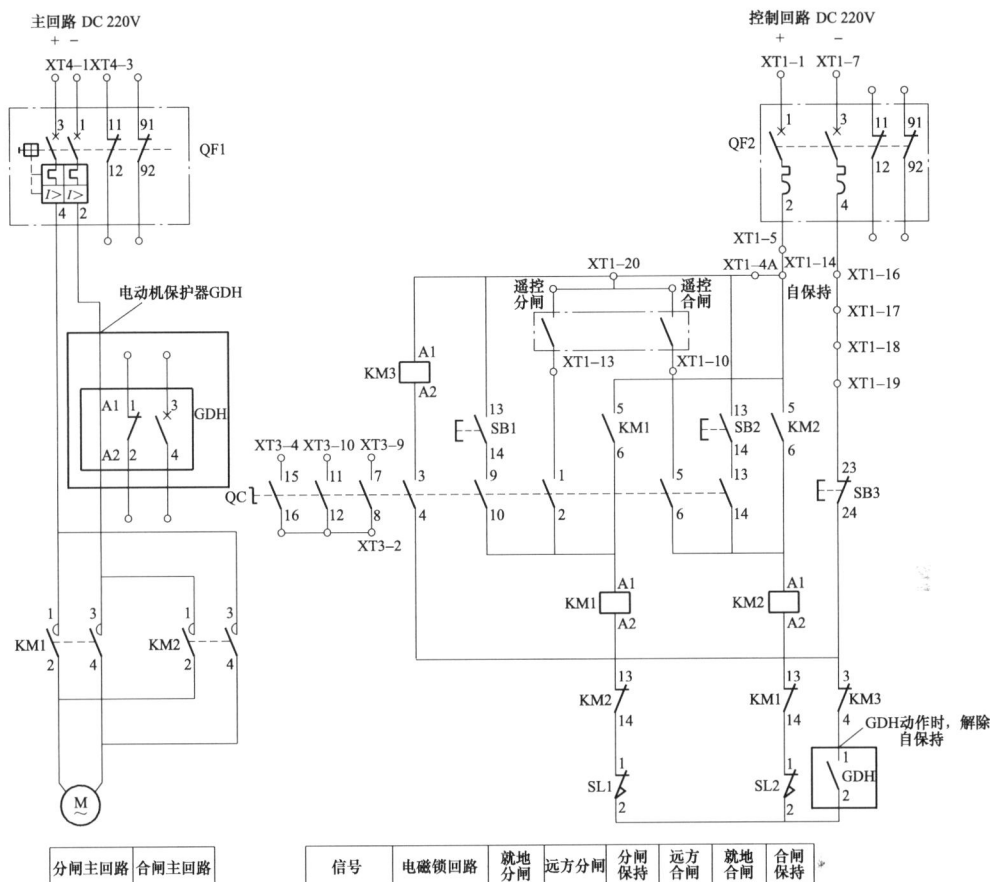

图 12-15　电动操动机构主回路和控制回路图

12.4　防止开关柜事故

12.4.1　设计制造阶段

12.4.1.1　开关柜应选用 LSC2 类（具备运行连续性功能）、"五防"功能完备的产品。新投开关柜应装设具有自检功能的带电显示装置，并与接地开关（柜门）实现强制闭锁，带电显示装置应装设在仪表室。

高压开关柜应优先选择 LSC2 类（具备运行连续性功能）高压开关柜，即当打开功能单元的任意一个可触及隔室时（除母线隔室外），所有其他功能单元仍可继续带电正常运行的开关柜。

目前变电站选用的开关柜为金属全封闭型开关柜，设备检修时无法进行直接验电，为防止运检人员失误打开带电柜门或带负荷合接地开关，需要通过带有自检功能的带电显示装置进行间接验电，同时要求带电显示装置与柜门、接地开关实现强制闭锁（即对于装有接地开关的开关柜，带电显示装置与接地开关实现电气闭锁，接地开关通过连锁主轴机械闭锁后柜门；对于未装设接地开关的开关柜，带电显示装置与柜门实现电气闭锁）。考虑到带电显示装置是易损件，为便于维护，带电显示装置装设在仪表室。

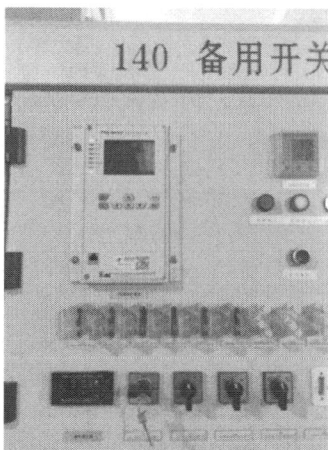

开关柜内主变压器进线与主母线不得共室。正在运行开关柜若主变压器进线与主母线共室，应在前后柜门装设醒目的警示标识，防止部分设备停电检修时，发生人身触电事故。

开关柜的柜门关闭时防护等级应达到 IP4X 或以上，断路器隔室柜门打开时防护等级达到 IP2X 或以上。

在设备招标阶段，在技术规范书中对制造厂商提出要求。

如图 12-16 所示为开关柜带电显示装置。

图 12-16 开关柜带电显示装置

12.4.1.2 空气绝缘开关柜的外绝缘应满足以下条件：

12.4.1.2.1 空气绝缘净距离应满足表 1 的要求：

表 1 空气绝缘净距离要求

额定电压（kV）/开关柜空气绝缘净距离要求（mm）	7.2	12	24	40.5
相间和相对地	≥100	≥125	≥180	≥300
带电体至门	≥130	≥155	≥210	≥330

目前，40.5kV 的空气绝缘开关柜（柜宽 1200mm 或 1400mm）导体间最小空气净距可能达不到 300mm，可通过优化母排规格和母线布置方式提高空气绝缘净距离，如采用多层铜排、异型铜排、管型母线等减小母线占用空间，或者母排错位布置等设计，以满足空气绝缘净距离要求。如采用固体绝缘封装或硫化涂覆等可靠的绝缘技术，可适当降低其空气绝缘距离要求，但不得小于 240mm。

40.5kV 的空气绝缘开关柜，柜宽为 1400mm，要求厂家采用硫化涂覆等可靠绝缘技术，降低其空气绝缘距离要求。

如图 12-17 所示为 35kV 配电装置平面布置示意图。

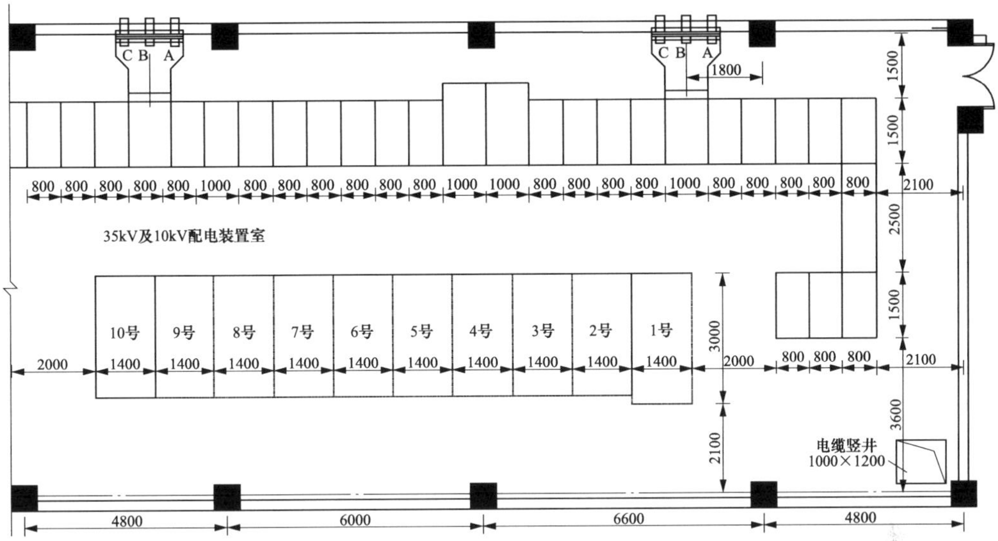

图 12-17 35kV 配电装置平面布置示意图

12.4.1.2.2 最小标称统一爬电比距：$\geqslant\sqrt{3}\times18\text{mm/kV}$（对瓷质绝缘），$\geqslant\sqrt{3}\times20\text{mm/kV}$（对有机绝缘）。

在设备招标阶段，在技术规范书中对制造厂商要求。

对于使用在海拔高于 1000m 处的设备，其爬电距离应按照海拔修正系数进行修正。

12.4.1.2.3 新安装开关柜禁止使用绝缘隔板。即使母线加装绝缘护套和热缩绝缘材料，也应满足空气绝缘净距离要求。

对于 40.5kV 开关柜，由于柜内导体间及对地空气绝缘净距不合格，厂家普遍采用 SMC 绝缘隔板和热缩绝缘护套等进行加强绝缘。长期运行后绝缘隔板憎水性丧失，隔板受潮后拉伸强度和绝缘性能均大幅度降低，无法满足正常运行要求；而绝缘护套和热缩绝缘材料普遍性能不良且缺乏行业检测手段，长期运行后易开裂、脱落；又由于阻燃性能不良，导致开关柜内部绝缘故障时起火燃烧，因此，对新安装开关柜提出更高要求。

40.5kV 的空气绝缘开关柜，柜宽为 1400mm，要求厂家采用硫化涂覆等可靠的绝缘技术，降低其空气绝缘距离要求。

12.4.1.4 开关柜应选用 IAC 级（内部故障级别）产品，生产厂家应提供相应型式试验报告（附试验试品照片）。选用开关柜时应确认其母线室、断路器室、电缆室相互独立，且均通过相应内部燃弧试验；燃弧时间应不小于 0.5s，试验电流为额定短时耐受电流。

在设备招标阶段，在技术规范书中对制造厂商要求。

12.4.1.5 开关柜各高压隔室均应设有泄压通道或压力释放装置。当开关柜内产生内部故障电弧时，压力释放装置应能可靠打开，压力释放方向应避开巡视通道和其他设备。

从人员和设备的安全角度出发，应对厂家提出开关柜泄压通道和压力释放装置的要求。泄压通道和压力释放装置是防止开关柜内部电弧对运行操作人员造成伤害的重要保障，是柜体满足 IAC 要求的重要措施。除二次小室外，在断路器室、母线室和电缆室均设有排气通道和泄压装置，当产生内部故障电弧时，泄压通道将被自动打开，释放内部压力，压力排泄方向为无人经过区域，泄压盖板泄压侧应选用尼龙螺栓进行固定。柜顶装有封闭母线桥的开关柜，其母线舱也应设置专用的泄压通道或压力释放装置。

在设备招标阶段，在技术规范书中对制造厂商要求。

12.4.1.6 开关柜内避雷器、电压互感器等设备应经隔离开关（或隔离手车）与母线相连，严禁与母线直接连接。开关柜门模拟显示图必须与其内部接线一致，开关柜可触及隔室、不可触及隔室、活门和机构等关键部位在出厂时应设置明显的安全警示标识，并加以文字说明。柜内隔离活门、静触头盒固定板应采用金属材质并可靠接地，与带电部位满足空气绝缘净距离要求。

开关柜内避雷器、电压互感器等设备经隔离手车与母线相连。由于开关柜内部接线相对隐蔽，电气连接形式不规范、安全警示不明确时，可能引发人身触电事故。活门可靠接地可改善局部电场分布，消除活门静电感应效应，因此，要求柜内隔离活门、静触头盒固定板应采用金属材质并可靠接地，且与带电部位满足安全绝缘距离要求。

选用 KYN28-12、KYN61-40.5 型金属铠装开关柜，满足此项要求。

12.4.1.8 开关柜间连通部位应采取有效的封堵隔离措施，防止开关柜火灾蔓延。

应在开关柜的柜间连通部位（如电缆或接地线孔洞、穿柜套管孔隙等处）进行封堵，防止开关柜火灾蔓延。

12.4.1.9 开关柜内所有绝缘件装配前均应进行局部放电试验，单个绝缘件局部放电量不大于 3pC。

局放试验可以有效检查绝缘件内部气泡、杂质、裂痕等常规耐压试验难以发现的绝缘缺陷，通过开展相关检查，可提升内部绝缘件的质量水平，降低内部设备绝缘故障概率。

在设备招标阶段，在技术规范书中对制造厂商要求。

12.4.1.10 24kV 及以上开关柜内的穿柜套管、触头盒应采用双屏蔽结构，其等电位连线（均压环）应长度适中，并与母线及部件内壁可靠连接。

24kV 及 40.5kV 开关柜的穿柜套管、触头盒应采用高低压屏蔽结构的均匀电场产品，不得采用无屏蔽或内壁涂半导体漆屏蔽产品；屏蔽引出线应采用复合绝缘包封，应与母线及部件内壁可靠连接，不得采用弹簧片作为等电位连接方式，防止悬浮电位造成放电。对于采用高压屏蔽的触头盒，屏蔽应设在触头盒底部，且通过屏蔽结构检测盒开关柜整体的局放水平考核。

12.4.1.11 电缆连接端子距离开关柜底部应不小于 700mm。

为满足电缆安装后绝缘空间和曲率半径要求，保证电缆安装后伞裙不被接地部分短接，电缆接线端子对底板高度应大于 700mm。

与厂家确认图纸阶段，要求开关柜厂家电缆连接端子距离开关柜底部应不小于 700mm。

12.4.1.12 开关柜内母线搭接面、隔离开关触头、手车触头表面应镀银，且镀银层厚度不小于 $8\mu m$。

与厂家确认图纸阶段，要求开关柜厂家开关柜内母线搭接面、隔离开关触头、手车触头表面应镀银，且镀银层厚度不小于 $8\mu m$。

12.4.1.13 额定电流 1600A 及以上的开关柜应在主导电回路周边采取有效隔磁措施。

额定电流 1600A 及以上开关柜应在主电流回路周边采取有效隔磁措施，如在封闭母线桥架、穿柜套管、触头盒等的外壳、安装板、母线夹具等位置，采取避免构成闭合磁路或装设短路环（在磁场强度最大部位安装高导电率导电环，利用感应电流去磁作用降低导体周边磁场）等措施，可采用非导磁材料或固定钢板切缝后补铜焊等方式。

与厂家确认图纸阶段，要求开关柜厂家采用非导磁材料或固定钢板切缝后补铜焊等方式。

12.4.1.14 开关柜的观察窗应使用机械强度与外壳相当、内有接地屏蔽网的钢化玻璃遮板，并通过开关柜内部燃弧试验。玻璃遮板应安装牢固，且满足运行时观察分/合闸位置、储能指示等需要。

带屏蔽网可均匀外壳安装玻璃处形成的不均匀电场，起到电磁屏蔽作用，在一定程度上加强玻璃的防爆能力。

与厂家确认图纸阶段，要求开关柜厂家使用机械强度与外壳相当、内有接地屏蔽网的钢化玻璃遮板，且满足运行时观察分/合闸位置、储能指示等需要。

12.4.1.16 配电室内环境温度超过 5～30℃ 范围，应配置空调等有效的调温设施；室内日最大相对湿度超过 95％ 或月最大相对湿度超过 75％ 时，应配置除湿机或空调。配电室排风机控制开关应在室外。

运行中因环境温度、湿度过高而引起的开关柜内元部件老化、放电、损坏时有发生，影响了开关柜的安全可靠运行，因此，在配电室内配置具有除湿功能的空调，如图 12-18 所示。

12.4.1.17 新建变电站的站用变压器、接地变压器不应布置在开关柜内或紧靠开关柜布置，避免其故障时影响开关柜运行。

由于封闭开关柜自然通风不好，所以安装于柜内的干式变压器散热困难，同时，站用变压器、接地变压器故障多发，若其布置在开关柜内或临近开关柜易造成开关柜设备烧损。

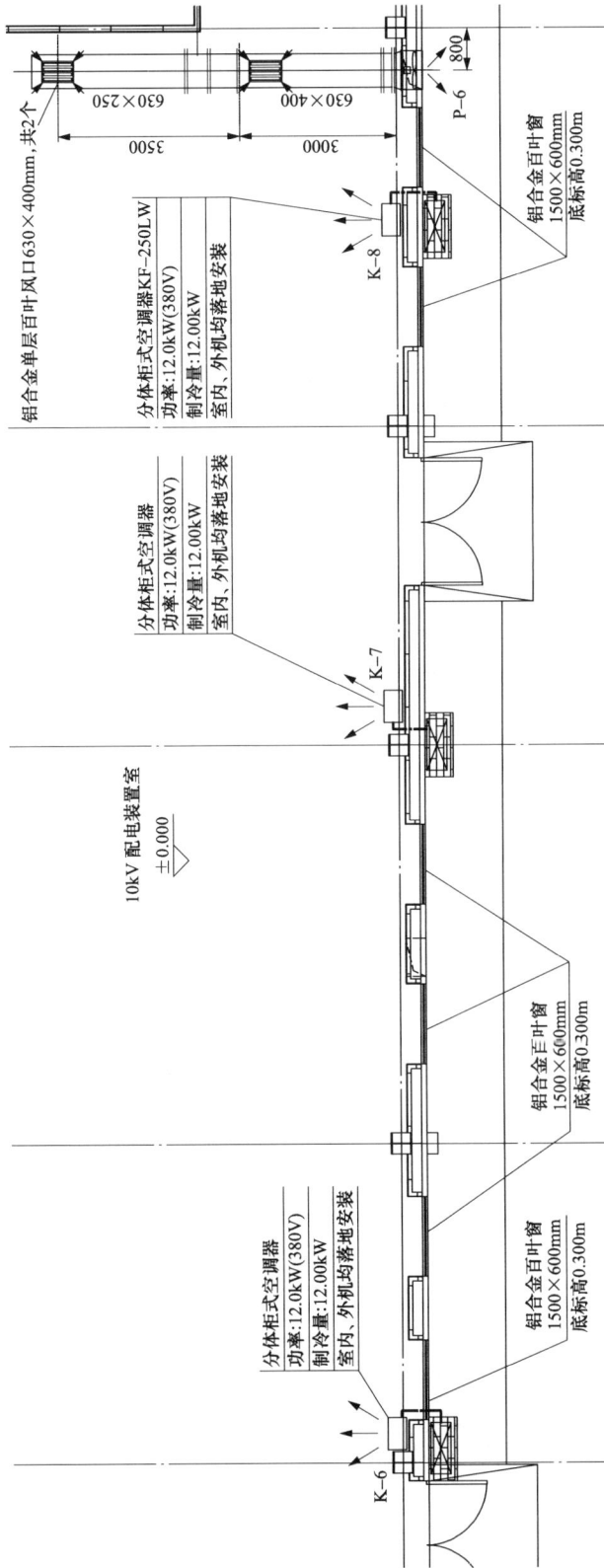

图 12-18 配电室室内空调布置示意图

站用变压器采用干式带外壳变压器，独立布置，如图 12-19 所示。

图 12-19　站用变压器远离开关柜布置

12.4.1.18 空气绝缘开关柜应选用硅橡胶外套氧化锌避雷器。主变压器中、低压侧进线避雷器不宜布置在进线开关柜内。

瓷质避雷器在击穿后易发生爆炸，因此，开关柜内应选用硅橡胶外套氧化锌避雷器。为避免避雷器故障造成开关柜损坏，主变压器 10、35kV 侧进线避雷器不宜布置在进线开关柜内，而安装在主进母线桥处。

选用硅橡胶外套氧化锌避雷器（附计数器），布置于主变压器低压侧进线母线桥处，如图 12-20 所示。

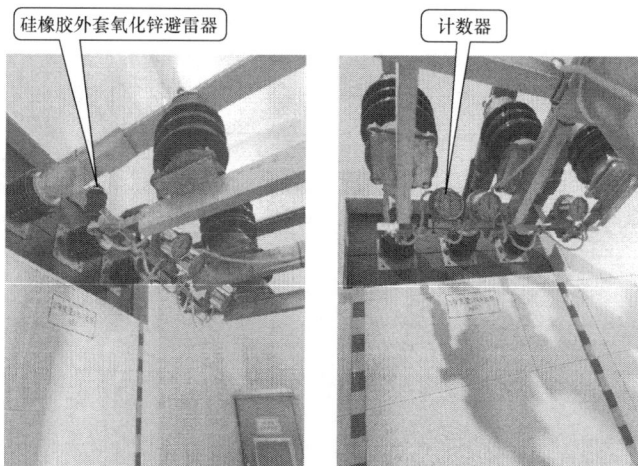

图 12-20　主变压器中、低压侧进线避雷器柜外布置

12.4.2　基建阶段

12.4.2.3　柜内母线、电缆端子等不应使用单螺栓连接。导体安装时螺栓可靠紧固，力矩符合要求。

　　单螺栓连接可能存在以下风险：压接面积不足导致接触电阻增大；运行中的振动、抖动、冲击负荷等各种不利影响可能造成螺栓松动引起接触电阻增大；电缆端子连接处受应力较大，单螺栓连接的抗剪切力和滑动系数不能满足运行要求。为保证柜内导体连接可靠性，不应使用单螺栓连接。

　　与厂家确认图纸阶段，要求 10kV 电缆终端连接处开双孔。

13 防止电力电缆损坏事故

13.1 防止绝缘击穿

13.1.1 设计阶段

13.1.1.1 应按照全寿命周期管理的要求，根据线路输送容量、系统运行条件、电缆路径、敷设方式和环境等合理选择电缆和附件结构型式。

1. 电缆本体选型

为保证电缆运行的可靠性，电缆本体选型时，根据 GB 50217—2018《电力工程电缆设计标准》第三章选择导体的材质、电缆绝缘类型、护层类型和电缆芯数。110kV 电缆线路通常采用单芯铜导体交联聚乙烯绝缘皱纹铝包防水层聚乙烯外护套型电缆。交联电缆具有优越的电气性能和良好的耐热性和机械性，并具有较好的防水、防潮性能，以及能承受一定压力等优点。

2. 电缆截面选择

根据变电站规划主变压器容量且考虑转供变电站的负荷（若有）计算 $N-1$ 情况下的电缆载流量，并按电缆直埋三角形敷设情况下留有一定裕度选择电缆截面。

（1）选择原则。电缆截面选择应根据载流量选择。

（2）电缆截面选择。根据变电站主变压器容量，考虑 0.87 的负载率，若同时转供一个规划的 110kV 变电站，考虑 0.65 的负载率；并且考虑 0.8 的同时率，选择电缆截面如下：

电缆载流量：
$$I = \frac{P}{\sqrt{3} \cdot U_e \cdot \cos\varphi} \tag{13-1}$$

$N-1$ 方式下，载流量为：$I = S/(\sqrt{3} \times U_e)$ (13-2)

考虑电缆敷设方式，同时考虑远期的余量，初步确定电缆截面。

（3）根据电缆额定载流量进行验算。

运行系统：三根单芯电缆在三相系统中稳态运行。

导体截面：上述计算结果。

敷设环境：空气中、土壤中、排管等，按最差敷设环境考虑。

排列方式：三角形（相互接触），电缆轴心间距（s）为电缆外径，$s=D_e$。

平行敷设：电缆轴心间距（s）为两根电缆外径，$s=2\times D_e$、$s=D_e$。

接地方式：交叉互连接地、一端直接一端保护接地等。

工作温度：运行时最高工作温度 $\theta_c=90℃$。

导体 20℃时的直流电阻：$R_0=0.283\times10^{-4}\Omega/m(630mm^2)$

$R_0=0.221\times10^{-4}\Omega/m(800mm^2)$

$R_0=0.176\times10^{-4}\Omega/m(1000mm^2)$

......

环境温度：空气中 $\theta_0=40℃$，土壤中 $\theta_0=25℃$。

埋地深度：$L=700mm$ 或根据实际。

土壤热阻系数：$\rho_t=1.0K\cdot m/W$。

考虑到土壤水分迁移，根据粗略地分为一般土壤、沙（十砂）土和黏土等三大类型，各类土壤在干燥状态下热阻系数分别为 $\rho_D=2.0$、2.5、$3.0(K\cdot m/W)$ 时计算电缆载流量。

空气中不受日光照射的交流电缆：

$$I=\sqrt{\frac{\Delta\theta-W_d[0.5T_1+n(T_2+T_3+T_4)]}{RT_1+nR(1+\lambda_1)T_2+nR(1+\lambda_1+\lambda_2)(T_3+T_4)}} \tag{13-3}$$

式中：I——一根导体中流过的电流，A；

$\Delta\theta$——高于环境温度的导体温升，K；

R——最高工作温度下导体单位长度的交流电阻，Ω/m；

W_d——导体绝缘单位长度的介质损耗，W/m；

T_1——一根导体和金属套之间单位长度热阻，$K\cdot m/W$；

T_2——金属套和铠装之间内衬层单位长度热阻，$K\cdot m/W$；

T_3——电缆外护层单位长度热阻，$K\cdot m/W$；

T_4——电缆表面和周围介质之间单位长度热阻，$K\cdot m/W$；

n——电缆（等截面并载有相同负荷的导体）中载有负荷的导体数；

λ_1——电缆金属套损耗相对于所有导体总损耗的比率；

λ_2——电缆铠装损耗相对于所有导体总损耗的比率。

结论：经计算，在环境温度 40℃下，导体工作温度 90℃下，考虑电缆敷设方式及接地方式，并经过热稳定校验，选择满足系统运行要求的电缆截面。

3. 电缆接头选择

根据电压等级、电缆绝缘类型、安置环境、污秽等级、作业条件等，选用满足可靠性和经济性的电缆附件。同截面电缆中间接头选用整体预制式，不同截面电缆中间接头选用插拔式。

如图 13-1 所示为电缆中间接头。

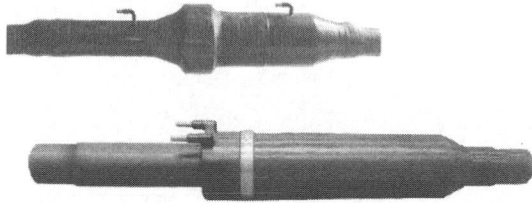

图 13-1　电缆中间接头

13.1.1.2　应加强电力电缆和电缆附件选型、订货、验收及投运的全过程管理。应优先选择具有良好运行业绩和成熟制造经验的生产厂家。

根据 Q/GDW 371—2009《10(6)kV～500kV 电缆技术标准》第 12 章要求对供货商提出运行业绩要求，择优选取。

国家电网有限公司对于生产厂家有严格的审查流程，其对供应商管理要求如图 13-2 所示。

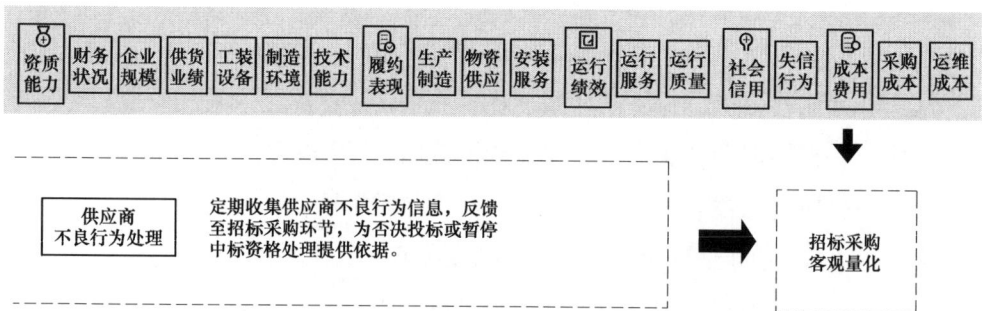

图 13-2　国家电网有限公司供应商管理要求

同时，国家电网有限公司对于物资采购招标坚持创新，统筹推进，全面深化现代智慧供应链体系，其物资招标采购流程如图 13-3 所示。

图 13-3　国家电网公司物资招标采购流程

13.1.1.3　110(66)kV 及以上电压等级同一受电端的双回或多回电缆线路应选用不同生产厂家的电缆、附件。110(66)kV 及以上电压等级电缆的 GIS 终端和油浸终端宜选择插拔式，人员密集区域或有防爆要求场所的应选择复合套管终端。110kV 及以上电压等级电缆线路不应选择户外干式柔性终端。

电缆及其附件每个生产厂家的生产工艺不同，同一受电端的双回或多回电缆线路如果选用同一生产厂家的产品，一旦出现批次性质量问题，可能导致更大的停电事故，造成整个变电站停电，使事故扩大。在物资招标阶段将同一受电端的双回或多回电缆线路选择不同生产厂家的电缆及其附件。

GIS 终端（参见图 13-4）选用插拔式，应力锥和环氧套管可分离，检修时只需拆除电缆，环氧套管仍然保持气密或油密状态，保证检修工作快速正常地进行。

户外终端选用复合套管、充油、座

图 13-4　GIS 终端

式，参见图 13-5。

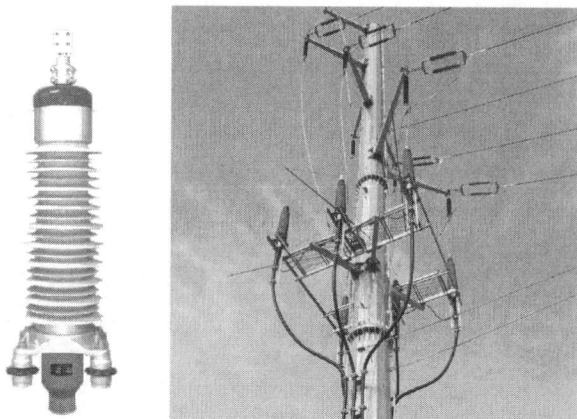

图 13-5　户外电缆终端

13.1.1.4　设计阶段应充分考虑耐压试验作业空间、安全距离，在 GIS 电缆终端与线路隔离开关之间宜配置试验专用隔离开关，并根据需求配置 GIS 试验套管。

根据 Q/GDW 11316—2014《电力电缆线路试验规程》要求，电缆线路的交接工作必须做主绝缘交流耐压试验。设计阶段配置相应的 GIS 试验套管方便后期开展试验。

在可研、初设阶段已充分考虑试验作业空间，并配置 GIS 试验套管。

13.1.1.5　110kV 及以上电力电缆站外户外终端应有检修平台，并满足高度和安全距离要求。

DL/T 1253《电力电缆线路运行规程》要求运维单位需要对电缆线路进行定期巡检，其中包括电缆终端表面检查、带电检测等项目。安装检修平台可便于运维人员开展巡视和检测工作，如图 13-6 所示。电缆终端下电缆侧视图如图 13-7 所示。

13.1.1.6　10kV 及以上电压等级电力电缆应采用干法化学交联的生产工艺，110(66)kV 及以上电压等级电力电缆应采用悬链式或立塔式三层共挤工艺。

参照 13.1.1.2 的要求，电力电缆应通过国家电网有限公司统一招标采购，因中标厂家生产工艺的差异，存在不同的生产工艺形式。同时，应满足 GB 50217—

2018《电力工程电缆设计标准》3.3.8 及条文说明的工艺要求。

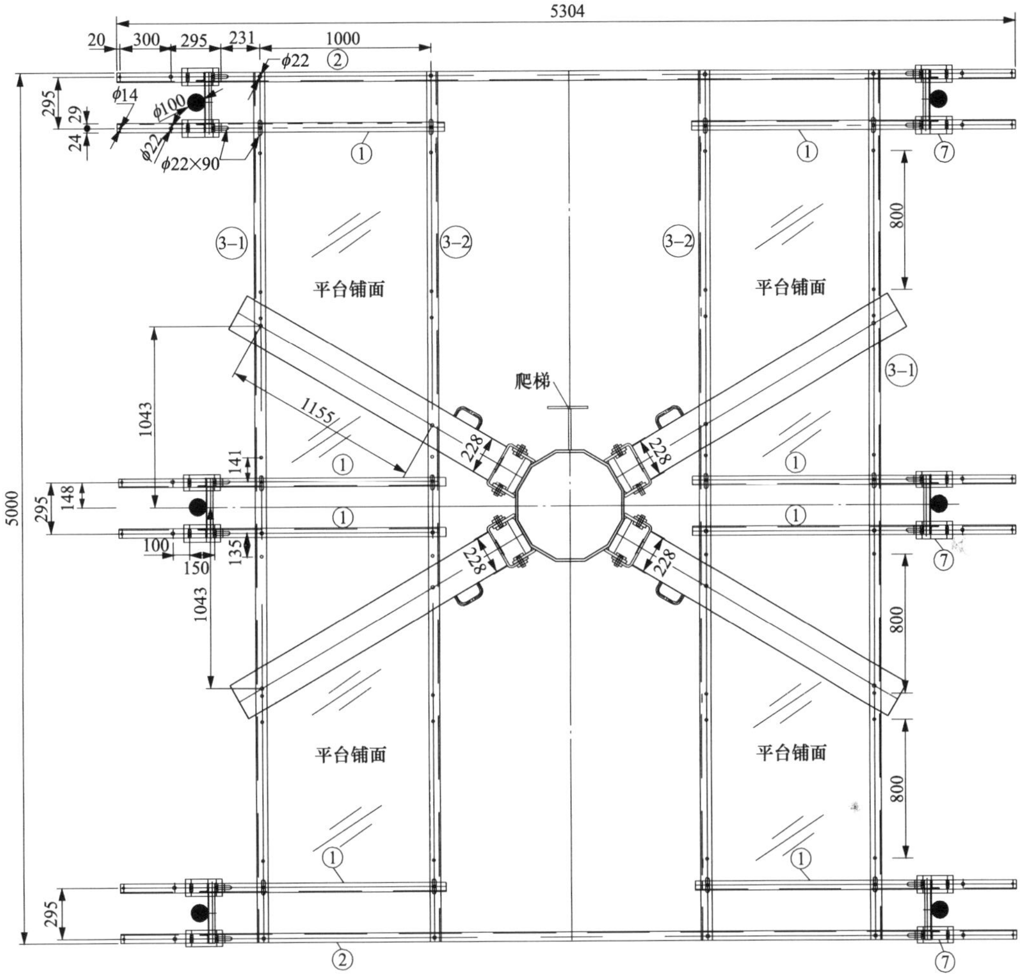

图 13-6　电缆终端检修平台

13.1.1.7　运行在潮湿或浸水环境中的 110(66)kV 及以上电压等级的电缆应有纵向阻水功能，电缆附件应密封防潮；35kV 及以下电压等级电缆附件的密封防潮性能应能满足长期运行需要。

《高压电缆专业管理规定》（国家电网运检〔2016〕1152 号）第三章第十条要求，运行在潮湿或浸水环境中的高压电缆应有纵向阻水功能，接头应密封防潮。

（1）电缆敷设在地下水位较浅的管沟，电缆在潮湿或浸水的环境中运行。设计时考虑电缆可能长期浸水，选用具有纵向阻水结构的电缆，电缆接头按长期运行在水下环境进行密封防潮。

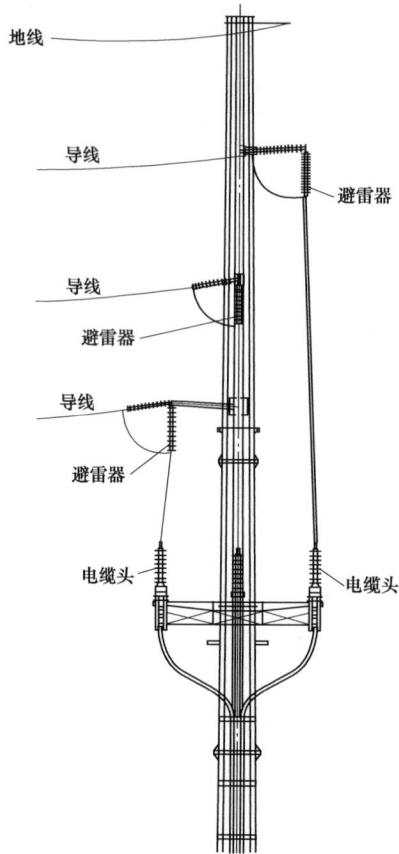

图 13-7　电缆终端下电缆侧视图

（2）穿越河道：根据《国家电网公司输变电工程通用设计（电缆线路分册）》中关于路径选择的要求，穿越河道的电缆通道应选择河床稳定的河段，埋设深度应满足河道冲刷、船舶抛锚、远期规划、隧道抗浮等要求。宜采用非开挖形式的通道。

1）条件允许时，宜采用顶管方式，如图 13-8 所示。

图 13-8　电缆顶管

2）条件受限时，可采用电缆保护管（定向钻施工）方式，如图 13-9 所示。

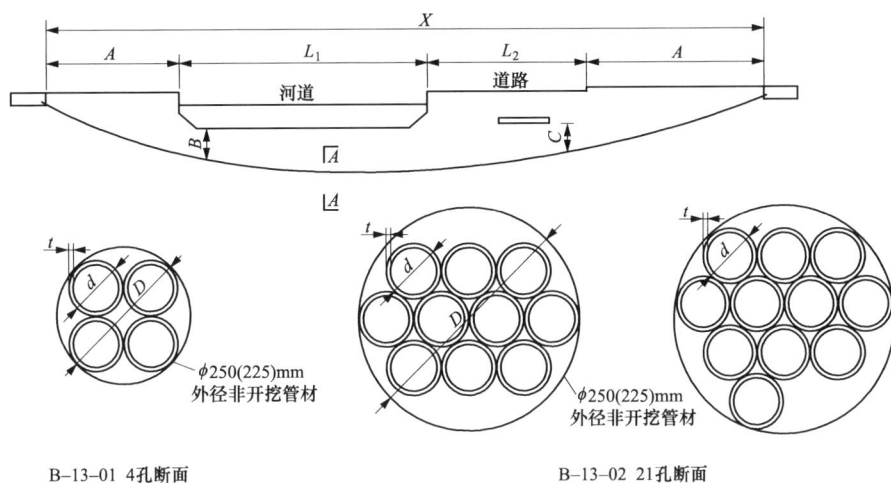

B-13-01 4孔断面　　　　　　　　　　　B-13-02 21孔断面

图 13-9　电缆保护管（定向钻施工）

3）若穿越河道无法采用河道下的穿越方式，可以考虑电缆桁架桥的方式，如图 13-10 所示。

图 13-10　电缆桁架桥

13.1.1.8　电缆主绝缘、单芯电缆的金属屏蔽层、金属护层应有可靠的过电压保护措施。统包型电缆的金属屏蔽层、金属护层应两端直接接地。

根据 GB 50217—2018《电力工程电缆设计标准》中 4.1.12 和 DL/T 5221—2016《城市电力电缆线路设计技术规定》中 7.0.1 的要求：单芯电缆线路不长且能满足正常感应电动势要求，1 段电缆采取在线路一端直接接地，另一端保护接

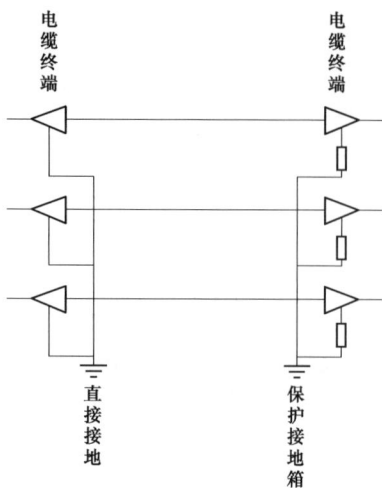

图 13-11　一端单点直接接地

地（设置护层电压限制器）的方式；2 段电缆采取在线路中央部位直接接地，两端保护接地（设置护层电压限制器）的方式，或线路中央部位双保护接地，两端直接接地的方式。长线路均划分适当的单元，且在每个单元内按 3 个长度尽可能均等区段，设置绝缘接头（每个绝缘接头设置护层电压限制器），以交叉互联接地。

统包型电缆内的 3 芯金属护套的感应电压几乎等于零，使用两端直接接地即可。

（1）线路不长，应采取在线路一端或中央单点直接接地，如图 13-11、图 13-12 所示。

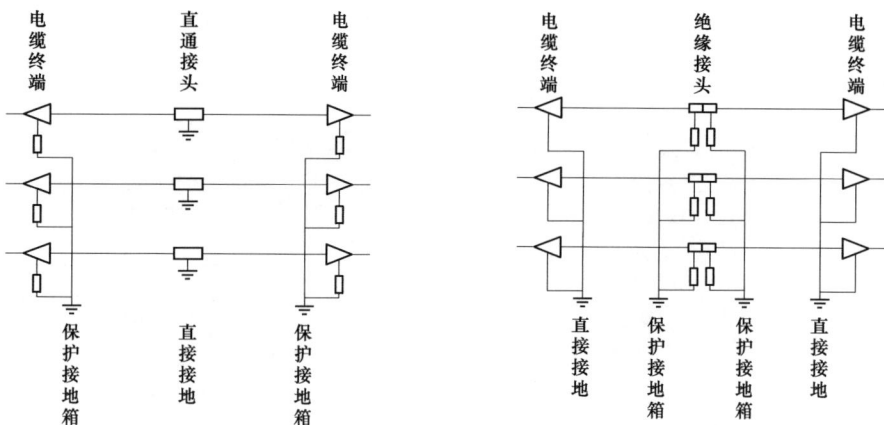

图 13-12　中央部位单点直接接地

通过对以上两种金属屏蔽中点接地方式进行对比可发现，通过直通接头接地，可减少一台"接地箱"，但电缆外护套出现故障时，不便确定故障点在接头的左边还是右边，导致对电缆的运行维护不方便；通过绝缘接头中点接地，多一台"接地箱"，虽成本上略有增加，但是能很快确定故障点在接头的左边还是右边，方便电缆的运行维护。

（2）长线路，宜划分适当单元，且每个单元内按 3 个长度尽可能均等区段，应设置绝缘接头或实施电缆金属套的绝缘分隔，以交叉互联接地，如图 13-13 所示。

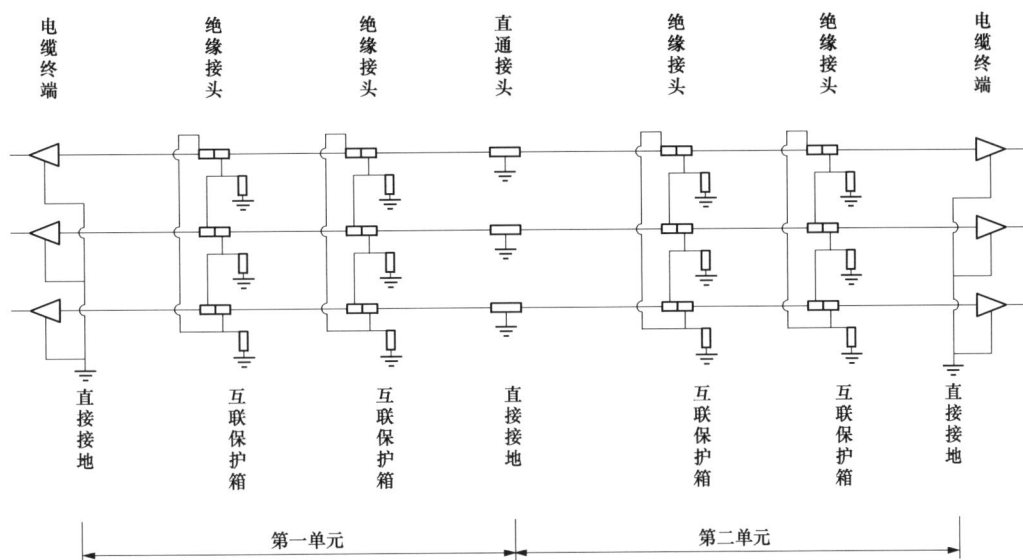

图 13-13 交叉互联接地

13.1.1.9 合理安排电缆段长，尽量减少电缆接头的数量，严禁在变电站电缆夹层、出站沟道、竖井和 50m 及以下桥架等区域布置电力电缆接头。110(66) kV 电缆非开挖定向钻拖拉管两端工作井不宜布置电力电缆接头。

电缆接头是整条电缆线路的薄弱环节，也是故障高发点，减少电缆接头数量有助于提高电缆运行的可靠性。综合考虑电缆的运输、敷设环境、运维检修的便捷等各项因素，110kV 电缆段长一般在 500～600m。同时，合理布置段长，以保证电缆接头布置在电缆夹层、出站沟道、竖井和桥架区域以外。

《高压电缆专业管理规定》（国家电网运检〔2016〕1152 号）第三章第十条规定：严禁在变电站电缆夹层、桥架和竖井等缆线密集区域布置电缆接头。《电力电缆通道选型及建设指导意见》（国家电网运检〔2014〕354 号）（一）第 7 条规定：严格控制使用非开挖定向钻技术（拉管）。

根据工程实例，电缆线路路径长度不尽相同，考虑上述因素后，电缆段长不同，接地方式也不同。长线路中，常用的电缆分段及接地方式如下：

（1）当电缆线路长度分为四段，其中至少三段等长，如图 13-14 所示。

（2）当电缆线路长度分为五段，其中至少三段等长，如图 13-15 所示。

（3）当电缆线路长度分为八段，将交叉互联单元放置电缆线路适中位置，如图 13-16 所示。

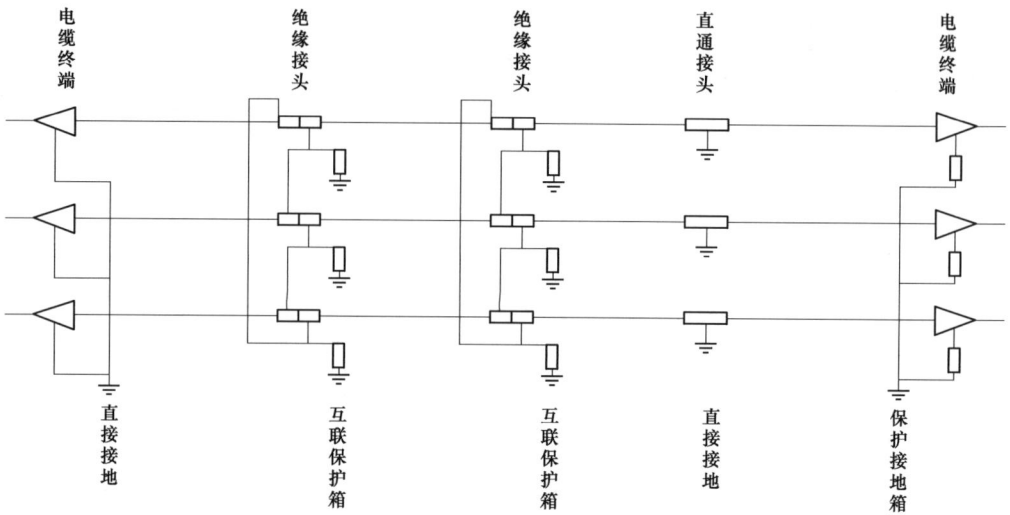

图 13-14　常见四段电缆线路接地方式示意图

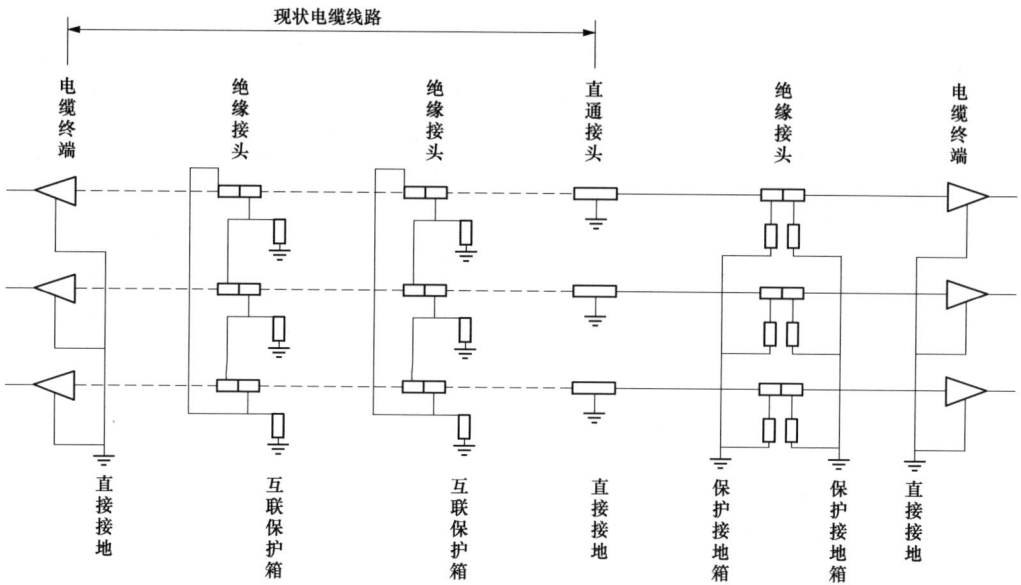

图 13-15　常见五段电缆线路接地方式示意图

13.1.2　基建阶段

13.1.2.1　对 220kV 及以上电压等级电缆、110(66)kV 及以下电压等级重要线路的电缆，应进行监造和工厂验收。

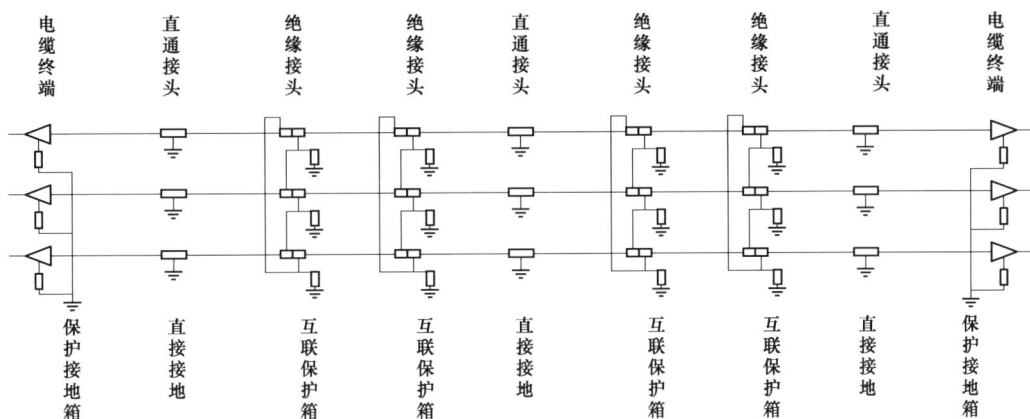

图 13-16 常见八段电缆线路接地方式示意图

执行《国家电网公司基建管理通则》(国家电网企管〔2015〕223号)第十二条：设备材料供应商应配合设备监造和设备出厂验收工作，接受监造人员和验收人员的监督，确保产品制造质量和工艺水平符合供货合同要求。重要线路电缆产品质量，从生产阶段起严格把关。

13.1.2.2 应严格进行到货验收，并开展工厂抽检、到货检测。检测报告作为新建线路投运资料移交运维单位。

根据 Q/GDW 1512—2014《电力电缆及通道运维规程》6.2 的要求进行到货验收，检查设备外观、设备参数、设备合格证、出厂试验报告等，每批次电缆提供抽样试验报告。

13.1.2.3 在电缆运输过程中，应防止电缆受到碰撞、挤压等导致的机械损伤。电缆敷设过程中应严格控制牵引力、侧压力和弯曲半径。

严格执行 GB 50168—2018《电气装置安装工程电缆线路施工及验收标准》中4.0.1、4.0.2、4.0.3、6.1.7、6.1.9、6.1.11、6.13 等的运输及敷设要求。

牵引力和侧压力的计算应按照 DL/T 5221—2016《城市电力电缆线路设计技术规定》附录 A 的要求。

用机械敷设电缆时的最大牵引强度宜符合表 13-1 要求。

表 13-1　　　　　　　　　　　　电缆最大牵引强度

牵引方式	牵引头（N/mm²）		钢丝网套（N/mm²）		
受力部位	钢芯	铅芯	铅套	铝套	塑料护套
允许牵引强度	70	40	10	40	7

110kV 及以上电缆敷设时，转弯处的侧压力应符合产品技术文件的要求，无要求时不应大于 3kN/m。

电缆敷设和运行时最小弯曲半径应满足表 13-2 要求。

表 13-2   电缆敷设和运行时的最小弯曲半径

项目	35kV 及以下的电缆				66kV 及以上的电缆
	单芯电缆		三芯电缆		
	无铠装	有铠装	无铠装	有铠装	
敷设时	20D	15D	15D	12D	20D
运行时	15D	12D	12D	10D	15D

注　1. "D"成品电缆标称外径。

　　2. 非本表范围电缆的最小弯曲半径按制造厂提供的技术资料的规定。

13.1.2.4　电缆通道、夹层及管孔等应满足电缆弯曲半径的要求，110(66) kV 及以上电缆的支架应满足电缆蛇形敷设的要求。电缆应严格按照设计要求进行敷设、固定。

Q/GDW 1512—2014《电力电缆及通道运维规程》中 5.2.4 规定：电缆敷设和运行使得最小弯曲半径按照附录 B（见表 13-2），隧道内 110kV 及以上的电缆，应按电缆的热伸缩量作蛇形敷设。

为防止电缆从支架上隆起而产生不规则的热伸缩滑移现象，电缆在有条件情况下采用蛇形敷设。管沟内电缆采用水平蛇形敷设（见图 13-17）。节距部位，宜采取挠性固定。蛇形转换成直线敷设的过渡部位，宜采取刚性固定。

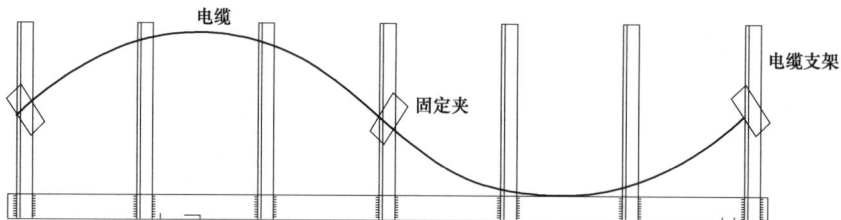

图 13-17　水平蛇形敷设示意图

在 35kV 以上高压电缆的终端、接头与电缆连接部位，宜设置伸缩节。伸缩节应大于电缆容许弯曲半径，并应满足金属护层的应变不超出容许值。未设置伸缩节的两头侧，应采取刚性固定或在适当长度内电缆实施蛇形敷设。

电缆蛇形敷设的参数选择，应保证电缆因温度变化产生的轴向热应力、无损充油电缆的纸绝缘，不致对电缆金属套长期使用产生应变疲劳断裂，且宜按允许拘束力条件确定。

根据 DL/T 5221—2016《城市电力电缆线路设计技术规定》中附录 C 蛇形弧横向滑移量、热伸缩量（见图 13-18）和轴向力计算要求，蛇形弧横向滑移量计算公式为：

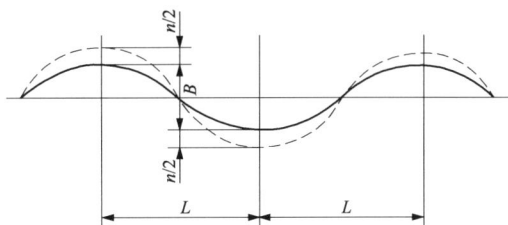

图 13-18 蛇形弧物

$$n = \sqrt{B^2 + 1.6Lm} - B \tag{13-4}$$

式中 n——电缆横向滑移量，mm；

m——电缆热伸缩量，mm；

B——蛇形弧幅，mm；

L——半个蛇形长度，mm。

热伸缩量计算公式为：

$$
\begin{array}{l}
\text{当 } t \leqslant \dfrac{1}{AE\alpha}(\mu WL + 2f) \text{时}, m = \dfrac{(AE\alpha t - 2f)^2}{4\mu WEA} \\[3mm]
\text{当 } t > \dfrac{1}{AE\alpha}(\mu WL + 2f) \text{时}, m = \dfrac{L}{2}\left[\alpha t - \dfrac{1}{AE}\left(\dfrac{\mu WL}{2} + 2f\right)\right]
\end{array}
\tag{13-5}
$$

式中 t——导体的温升，℃；

α——电缆膨胀系数，1/℃；

μ——摩擦系数；

W——电缆单位长度的重量，N/mm；

f——电缆的反作用力；

A——导体截面，mm²；

E——电缆的杨氏模量，N/mm²。

蛇形弧轴向力计算用常数见表 13-3，轴向力计算公式见式（13-3）、式（13-4）。

表 13-3 蛇形弧轴向力计算用常数

电缆类型	电缆的线膨胀系数 α (1/K)	电缆反作用力 (N)	导体的温升 t (K)	电缆的杨氏模量 (N/mm²)
充油	16.5×10^{-5}	1000	单芯 55	50 000
			三芯 50	30 000
交联	20.0×10^{-5}	1000	单芯 65	30 000
			三芯扭绞 60	5000

对于水平蛇形（电缆有金属护套）：

$$\left.\begin{aligned}&温度下降时,轴向力=+\frac{\mu WL^2}{2B}\times 0.8\\&温度上升时,轴向力=-\frac{8EI}{B^2}\cdot\frac{\alpha t}{2}-\frac{8EI}{(B+n)^2}\cdot\frac{\alpha t}{2}-\frac{\mu WL^2}{2(B+n)}\times 0.8\end{aligned}\right\}\quad(13\text{-}6)$$

对于垂直蛇形（电缆有金属护套）：

$$\left.\begin{aligned}&温度下降时,轴向力=+\frac{WL^2}{2B}\times 0.8\\&温度上升时,轴向力=-\frac{8EI}{B^2}\cdot\frac{\alpha t}{2}-\frac{8EI}{(B+n)^2}\cdot\frac{\alpha t}{2}-\frac{WL^2}{2(B+n)}\times 0.8\end{aligned}\right\}\quad(13\text{-}7)$$

式中　W——电缆单位长度的重量，N/mm；

　　　EI——电缆抗弯刚性，N·mm²，可由中标厂家提供；

　　　n——电缆横向滑移量，mm；

　　　α——电缆膨胀系数，1/℃；

　　　B——蛇形弧幅，mm；

　　　L——半个蛇形长度，mm；

　　　t——温升，℃。

13.1.2.5　施工期间应做好电缆和电缆附件的防潮、防尘、防外力损伤措施。在现场安装 110(66)kV 及以上电缆附件之前，其组装部件应试装配。安装现场的温度、湿度和清洁度应符合安装工艺要求，严禁在雨、雾、风沙等有严重污染的环境中安装电缆附件。

根据 GB 50168—2018《电气装置安装工程电缆线路施工及验收标准》中 7.1.3、7.1.5 的要求严格控制附件安装环境，确保施工质量符合要求。

13.1.2.6　电缆金属护层接地电阻、接地箱（互联箱）端子接触电阻，必须满足设计要求和相关技术规范要求。

根据 Q/GDW 11316—2014《电力电缆线路试验规程》中 4.7.3、6.3.2 和 GB 50168—2018《电气装置安装工程电缆线路施工及验收标准》中 7.2.9 的要求进行试验，电缆线路接地电阻值应不大于 10Ω，接触电阻值不应大于 20μΩ。

13.1.2.7　金属护层采取交叉互联方式时，应逐相进行导通测试，确保连接方式正确。金属护层对地绝缘电阻应试验合格，过电压限制元件在安装前应检测合格。

在实际施工时，应选择资质可靠的施工单位，确保正确的交叉互联接线方式，交叉互联接地的电缆线路，每个绝缘接头应设置护层电压限制器。

如图 13-19 所示为护套交叉互联接线示意图，如图 13-20 所示为交叉互联接地箱。

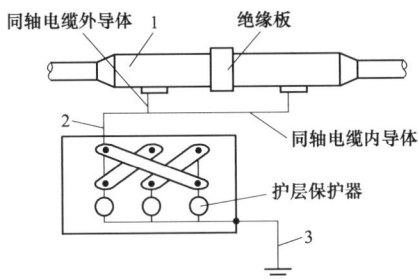

图 13-19　护套交叉互联接线示意图

1—绝缘接头；2—同轴接地电缆；3—接地端子

图 13-20　交叉互联接地箱

正确的交叉互联接线方式示意如图 13-21 所示。

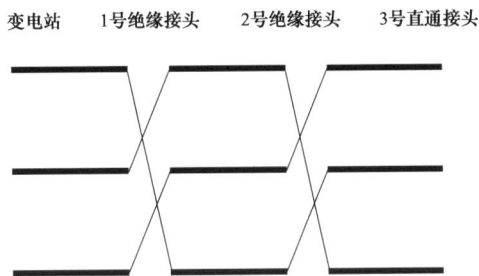

图 13-21　正确的交叉互联接线方式示意

错误的交叉互联接线方式示意如图 13-22、图 13-23 所示。

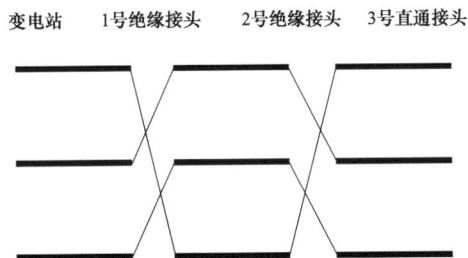

图 13-22　错误的交叉互联接线方式示意（一）

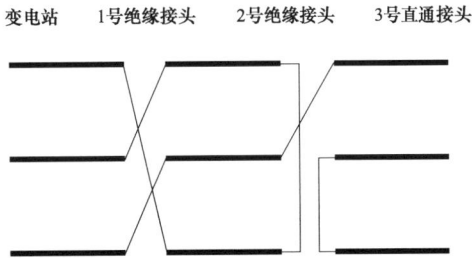

图 13-23　错误的交叉互联接线方式示意（二）

13.1.2.8 110(66)kV 及以上电缆主绝缘应开展交流耐压试验，并应同时开展局部放电测量。试验结果作为投运资料移交运维单位。

根据 Q/GDW 11316—2014《电力电缆线路试验规程》中 4.3.2 和 Q/GDW 1512—2014《电力电缆及通道运维规程》中 6.5.1、6.5.2 的要求进行交流耐压、局部放电试验，并将试验结果归档。

13.1.2.9 电缆支架、固定金具、排管的机械强度和耐久性应符合设计和长期安全运行的要求，且无尖锐棱角。

满足 Q/GDW 1512—2014《电力电缆及通道运维规程》中 5.5.1 和 GB 50217—2018《电力工程电缆设计标准》中 6.2.1 的要求。

110kV 电缆采用金属支架（角钢、槽钢、方钢）并采用热镀锌防腐处理，330kV 电缆采用不锈钢支架，支架端部加装橡胶保护帽。如图 13-24 所示为角钢支架图。

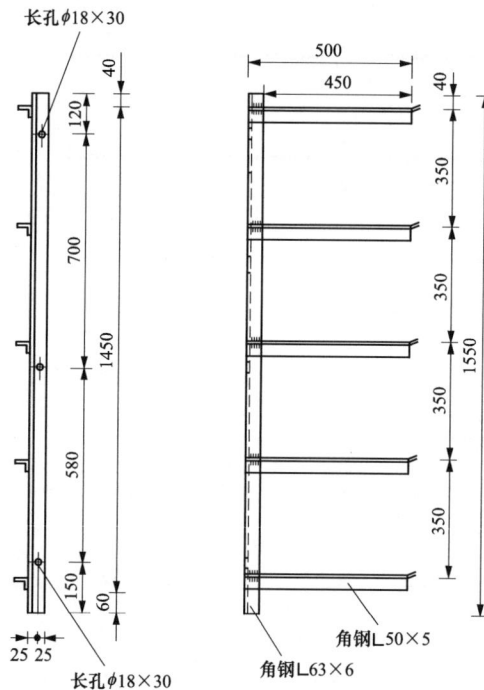

图 13-24 角钢支架图

13.1.2.10 电缆终端尾管应采用封铅方式，并加装铜编织线连接尾管和金属护套。110(66)kV 及上电压等级电缆接头两侧端部、终端下部应采用刚性固定。

电缆接头两侧端部刚性固定如图 13-25 所示。

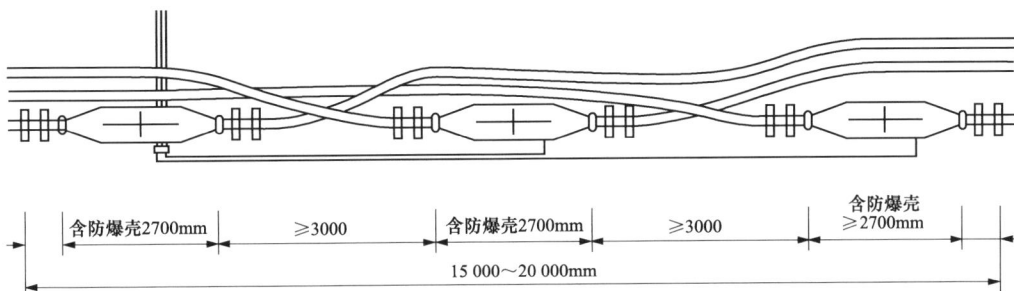

图 13-25　电缆接头两侧端部刚性固定

电缆终端下部刚性固定如图 13-26 所示。

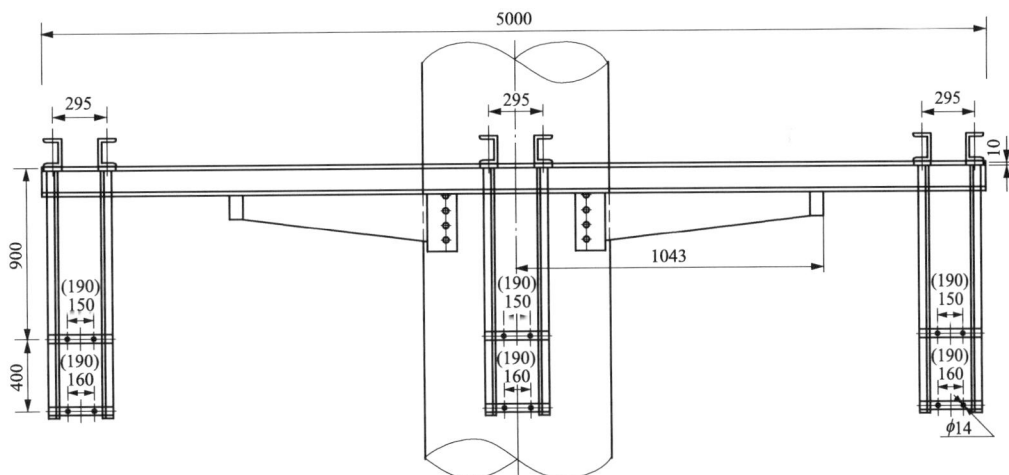

图 13-26　电缆终端下部刚性固定

13.2　防止电缆火灾

13.2.1　设计和基建阶段

13.2.1.1 电缆线路的防火设施必须与主体工程同时设计、同时施工、同时验收，防火设施未验收合格的电缆线路不得投入运行。

验收应遵循 GB 50168—2018《电气装置安装工程电缆线路施工及验收标准》中"8 电缆线路防火阻燃设施施工"的要求。

建设方、施工方、设计方、监理方现场验收,防火措施应符合设计要求,且施工质量应合格。

如图 13-27 所示为电缆沟道、隧道内防火墙,如图 13-28 所示为顶管内防火墙,如图 13-29 所示为穿越孔洞垂直防火封堵。

图 13-27　电缆沟道、隧道内防火墙

图 13-28　顶管内防火墙

图 13-29　穿越孔洞垂直防火封堵

13.2.1.2　变电站内同一电源的 110(66)kV 及以上电压等级电缆线路同通道敷设时应两侧布置。同一通道内不同电压等级的电缆,应按照电压等级的高低从下向上排列,分层敷设在电缆支架上。

应符合 GB 50217—2018《电力工程电缆设计标准》中 5.1.3 的规定。

同一变电站 3 回及以上的 110kV 电缆线路出线段分沟敷设。市政道路上路径受限区域，同通道敷设时，同一电源点双回电缆敷设在通道两侧；同通道内有 3 回及以上的 110kV 电缆线路时，同一电源点双回电缆敷设在通道两侧不同层支架。110kV 和 10kV 电缆、低压电缆、通信光缆分层按照电压等级高低从下向上排列。

13.2.1.3 110(66)kV 及以上电压等级电缆在隧道、电缆沟、变电站内、桥梁内应选用阻燃电缆，其成束阻燃性能应不低于 C 级。与电力电缆同通道敷设的低压电缆、通信光缆等应穿入阻燃管，或采取其他防火隔离措施。应开展阻燃电缆阻燃性能到货抽检试验，以及阻燃防火材料（防火槽盒、防火隔板、阻燃管）防火性能到货抽检试验，并向运维单位提供抽检报告。

110kV 电缆选用 C 级阻燃电缆。通信光缆放置在最上层支架的防火槽盒内。电缆接头两侧及接头相邻的其他电缆本体涂刷两侧 5m 防火涂料，电缆每间隔 60m 涂刷 5m 防火涂料，涂料总厚应为不小于 1.0mm。

遵循规范：《电力工程电缆设计标准》（GB 50217）、《火力发电厂与变电站设计防火标准》（GB 50229）、《阻燃和耐火电线电缆或光缆通则》（GB/T 19666）、《阻燃及耐火电缆：塑料绝缘阻燃及耐火电缆分级和要求》（XF 306.1）、《电缆防火措施设计和施工验收标准》（DLGJ 154）、《高压电缆选用导则》（DL/T 401）、《国家电网公司十八项电网重大反事故措施》等，按照《国家电网公司输变电工程初步设计内容深度规定　第 3 部分：电力电缆线路》《国家电网公司输变电工程施工图设计内谷深度规定　第 2 部分：电力电缆线路》的要求在初设和施工图设计阶段，单列章节对电力电缆、通信线缆及通道防火进行设计。

设计原则：遵循本书"13.2.1.1"要求，即电缆线路的防火设施必须与主体工程同时设计、同时施工、同时验收，防火设施未验收合格的电缆线路不得投入运行。

具体防火涂料设计情况如下：

（1）电缆中间接头两侧各 5m 防火涂料，涂料总厚应为不小于 1.0mm。（经验值：每组接头约 25kg 水性防火涂料。）

（2）电缆接头相邻的其他电缆本体涂刷两侧 5m 防火涂料，涂料总厚应为不小于 1.0mm。（经验值：每米电缆约 1kg 水性防火涂料。）

（3）竖井中电缆全部涂刷防火涂料，涂料总厚应为不小于 1.0mm，每间隔 3m

加装防火隔板。

（4）电缆每间隔 60m 涂刷 5m 防火涂料，涂料总厚应不小于 1.0mm。

如图 13-30 所示为灭火弹，如图 13-31 所示为电缆本体刷防火涂料。

图 13-30　灭火弹

图 13-31　电缆本体刷防火涂料

13.2.1.4　中性点非有效接地方式且允许带故障运行的电力电缆线路不应与 110kV 及以上电压等级电缆线路共用隧道、电缆沟、综合管廊电力舱。

变电站出线段 10kV 和 110kV 电缆分别从不同通道出线。新建电缆管沟有 2 回以上 110kV 电缆时，作为 110kV 电缆专用沟；新建电缆管沟有 2 回及以下 110kV 电缆时，将 110kV 电缆放置在通道最下方，砖砌小沟并填沙覆盖；上方支架可布置 10(35)kV 电缆。现状 10(35)kV 和 110kV 混用电缆管沟，对管沟内电缆进行规范化整理，每层电缆支架间采用防火隔板分隔。

如图 13-32 所示为砖砌小沟并填沙覆盖，如图 13-33 所示为防火隔板。

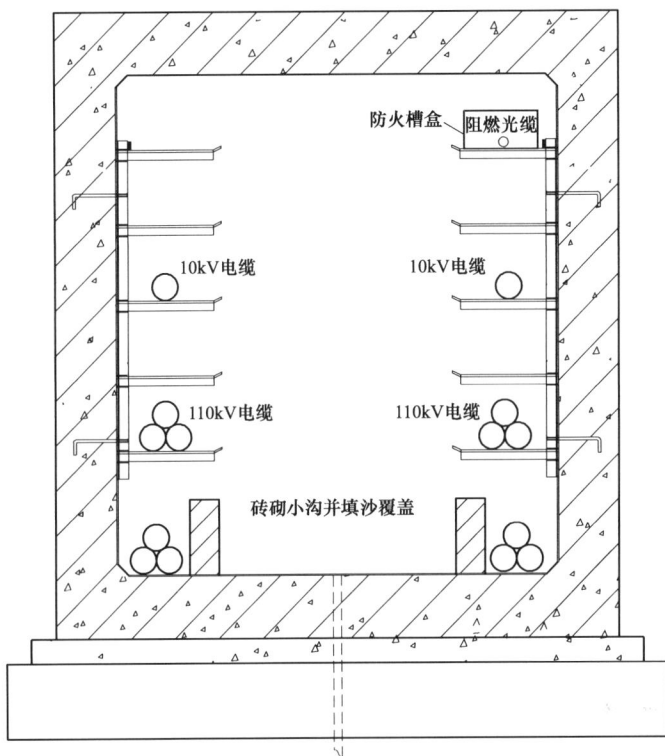

图 13-32　砖砌小沟并填沙覆盖

13.2.1.5　非直埋电缆接头的外护层及接地线应包覆阻燃材料，充油电缆接头及敷设密集的 10～35kV 电缆的接头应用耐火防爆槽盒封闭。密集区域（4 回及以上）的 110(66)kV 及以上电压等级电缆接头应选用防火槽盒、防火隔板、防火毯、防爆壳等防火防爆隔离措施。

根据管沟内电缆中间头尺寸加装防爆壳，如图 13-34 所示。电缆接头采用防火隔板分隔并采用防火毯包裹。

13.2.1.6　在电缆通道内敷设电缆需经运行部门许可。施工过程中产生的电缆孔洞应加装防火封堵，受损的防火设施应及时恢复，并由运维部门验收。

电缆敷设前施工单位办理电缆沟道施工备案表，由高压电缆运检中心现场核实后进行审批许可。

图 13-33　防火隔板

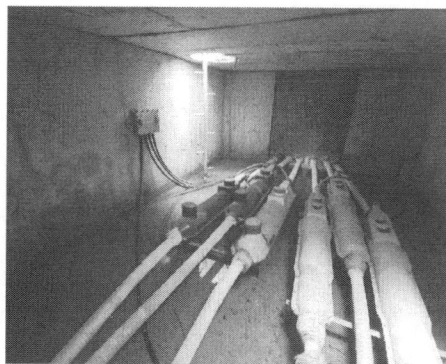

图 13-34　电缆接头防爆壳

防火封堵系统设计技术要求如下：

（1）防火封堵系统的耐火极限不应低于被贯穿物的耐火极限。

（2）防火封堵系统所使用的材料必须符合表 13-4 的标准。

表 13-4　　　　　　　　　　防火封堵系统所使用材料应符合的标准

序号	标　准　名　称
1	GB 23864—2023《防火封堵材料》
2	GB 50229—2019《火力发电厂与变电站设计防火标准》
3	GB 50217—2018《电力工程电缆设计标准》
4	GB 50016—2014《建筑设计防火规范》
5	防火封堵材料需具备国际 UL 及 FM 认证证书

（3）防火封堵系统必须具有良好的密烟效果。

（4）应用于电缆贯穿孔口的防火封堵系统，必须进行气密性和耐火性能的测试，并依据测试所达到的等级实施。

（5）防火封堵系统应保持本身结构的稳定性，不出现脱落、位移和开裂等现象。当防火封堵材料本身的力学稳定性不足时，应采用适当的支撑构件进行加强，支撑构件及其紧固件应具有与被贯穿物相应的耐火性能及力学稳定性。

（6）电缆隧道等易潮湿部位宜采用具有较好耐水性能的防火封堵材料进行封堵。

（7）应用于建筑缝隙的防火封堵系统应具有良好的位移能力，且与混凝土、砖、石材、石膏板等具有良好的黏结性能，并确保不会脱落。

（8）使用防火板进行封堵时，必须同时采用防火泥或防火密封胶密封缝隙。

在确认防火封堵工程具备验收条件后，应按下列要求组织相关部门进行验收：

（1）防火封堵系统的现场验收，宜按各种类型防火封堵系统数量的5%进行抽查，且不宜少于5个；当同类型防火封堵系统少于5个时，应全部检查。

（2）防火封堵系统的安装是否按照设计文件的要求进行。

（3）贯穿孔口和建筑缝隙的防火封堵系统表面应无缺口、裂缝和脱落现象，周围环境应保持清洁。

（4）防火板安装后应无缺口、裂纹，外观平整美观。

（5）外观应平整光洁，无混合不均匀现象。

（6）防火板、防火泥、防火密封胶、防火涂料等安装后，应与贯穿物、被贯穿物或建筑缝隙表面黏结紧密、牢固，表面平整、无裂纹。

（7）阻火带应固定牢固，无松动或脱落。

13.2.1.7 隧道、竖井、变电站电缆层应采取防火墙、防火隔板及封堵等防火措施。防火墙、阻火隔板和阻火封堵应满足耐火极限不低于1h的耐火完整性、隔热性要求。建筑内的电缆井在每层楼板处采用不低于楼板耐火极限的不燃材料或防火封堵材料封堵。

（1）采用电缆沟或电缆隧道敷设时，每隔200m需设防火隔墙1道，防火隔墙采用防火板封堵，电缆贯穿处应满足易扩容要求，防火墙中间安装甲级钢质防火门。

防火墙两侧电缆刷2000型防火涂料，长度2～3m，涂料总厚度应为0.9～1.0mm。如图13-35所示为防火墙图。

（2）竖井内每隔3m安装防火隔板，对出入竖井孔洞进行封堵。竖井和相连沟道之间采用沙袋砌筑防火墙等防火分隔措施。

防火隔板安装完毕后，严禁工作人员踩踏。竖井内如需敷设新电缆，施工前需将防火隔板拆除，施工完毕后应重新安装防火隔板。如图13-36所示为防火隔板图。

（3）电缆终端杆（塔）处设2.5m高砖砌保护围挡，内填黄沙；自底法兰以上4m内钢杆刷沥青两遍，包牛毛毡保护钢杆。围挡外墙刷反光色标，电缆上杆处刷

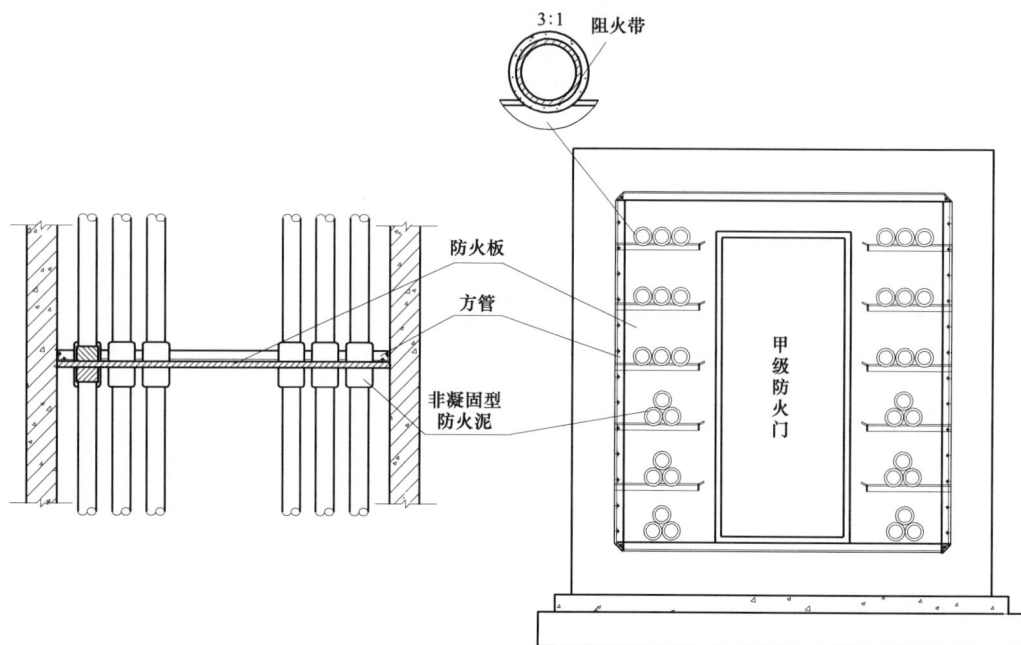

图 13-35　防火墙图

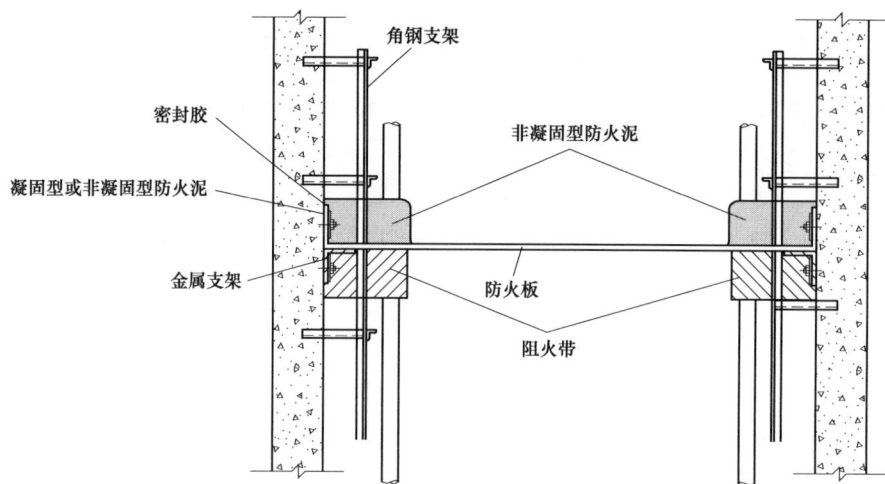

图 13-36　防火隔板图

6m 长防火漆。如图 13-37 所示为电缆终端杆砖砌保护围挡。

13.2.1.8　变电站夹层宜安装温度、烟气监视报警器，重要的电缆隧道应安装火灾探测报警装置，并应定期检测。

图 13-37　电缆终端杆砖砌保护围挡

　　执行《国网陕西省电力有限公司高压电缆及通道监测规划、建设规范》（陕电设备〔2022〕38 号），新建或改造 110kV 电缆通道，一级、二级和三级均配置火灾报警系统，采用点型光电感烟火灾探测器。

　　按照《国家电网公司输变电工程通用设计　电缆线路分册》（2017 年版）进行设计。

　　如图 13-38～图 13-40 所示分别为电缆温度监测系统、电缆接地环流监测系统、井盖监测系统原理图。

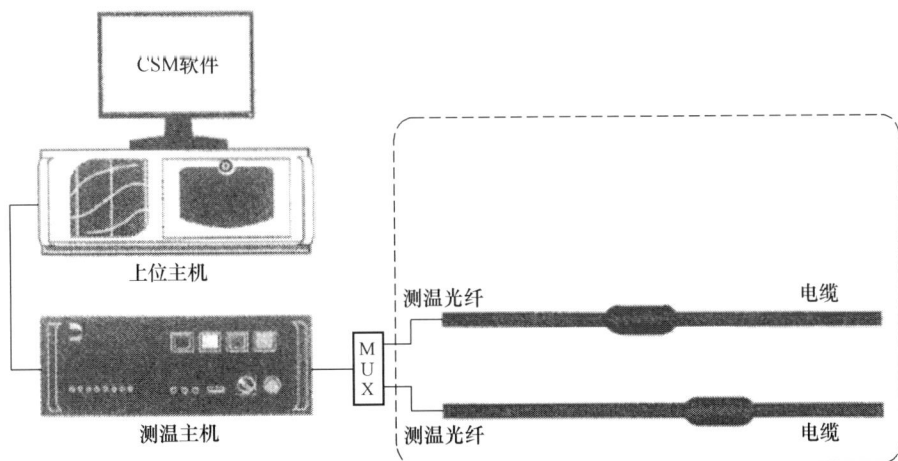

图 13-38　电缆温度监测系统原理图

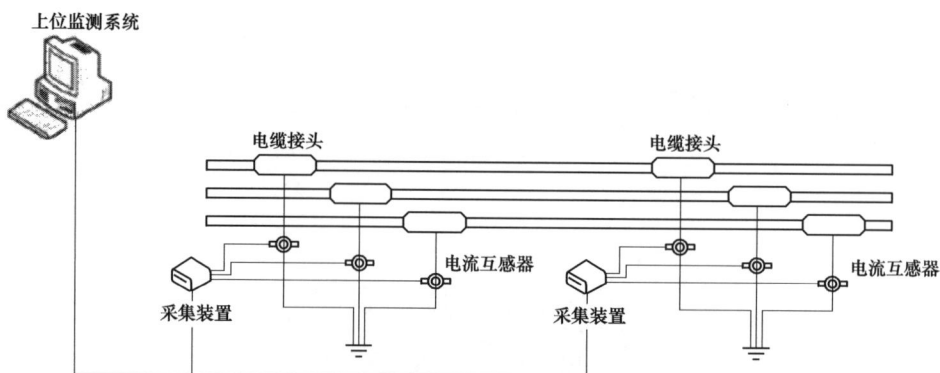

图 13-39　电缆接地环流监测系统原理图

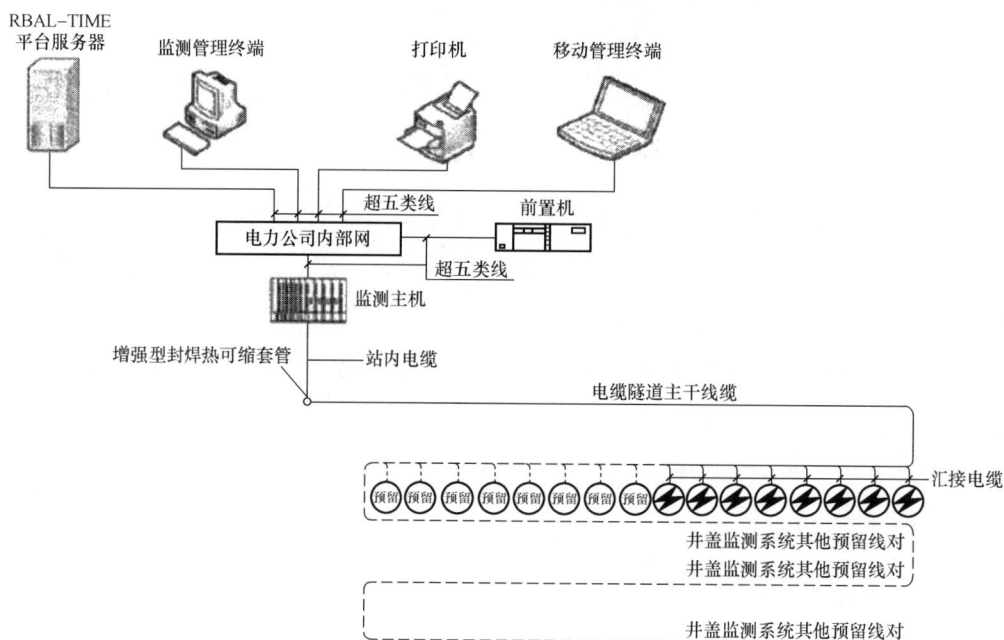

图 13-40　井盖监测系统原理图

13.3　防止外力破坏和设施被盗

13.3.1　设计和基建阶段

13.3.1.1　电缆线路路径、附属设备及设施（地上接地箱、出入口、通风亭等）的设置应通过规划部门审批。应避免电缆通道邻近热力管线、易燃易爆管线（输油、燃气）和腐蚀性介质的管道。

电缆通道设计前收集道路管线资料，并严格遵守 GB 50289—2016《城市工程管线综合规划规范》及热力、输油输气相关专业规范避让安全距离。电缆线路路径在可研和施工图阶段分别在自然资源和规划局办理初批和终批手续。

工程管线之间及其与建（构）筑物之间的最小水平净距见表 13-5。

表13-5　工程管线之间及其与建（构）筑物之间的最小水平净距

单位：m

序号	管线及建（构）筑物名称	1 建（构）筑物	2 给水管线 d≤200mm	2 给水管线 d>200mm	3 污水、雨水管线	4 再生水管线	5 燃气管线 低压	5 中压 B	5 中压 A	5 次高压 B	5 次高压 A	6 直埋热力管线	7 电力管线 直埋	7 保护管	8 通信管线 直埋	8 管道通道	9 管沟	10 乔木	11 灌木	12 地上杆柱 通信照明及<10kV	12 高压铁塔基础边 ≤35kV	12 >35kV	13 道路侧石边缘	14 有轨电车钢轨	15 铁路钢轨（或坡脚）
1	建（构）筑物	—	1.0	3.0	2.5	1.0	0.7	1.0	1.5	5.0	13.5	3.0	0.6	0.6	1.0	1.5	0.5	—	—	—	—	—	—	—	—
2	给水管线 d≤200m	1.0	—	—	1.0	0.5	0.5	0.5	0.5	1.0	1.5	1.5	0.5	0.5	1.0	1.0	1.5	1.5	1.0	0.5	3.0	3.0	1.5	2.0	5.0
2	给水管线 d>200mm	3.0	—	—	1.5	0.5	0.5	0.5	0.5	1.0	1.5	1.5	0.5	0.5	1.0	1.0	1.5	1.5	1.0	0.5	3.0	3.0	1.5	2.0	5.0
3	污水、雨水管线	2.5	1.0	1.5	—	0.5	1.0	1.2	1.2	1.5	2.0	1.5	0.5	0.5	1.0	1.0	1.5	1.5	1.0	0.5	1.5	3.0	1.5	2.0	5.0
4	再生水管线	1.0	0.5	0.5	0.5	—	0.5	0.5	0.5	1.0	1.5	1.0	0.5	0.5	1.0	1.0	1.5	1.0	1.0	0.5	3.0	3.0	1.5	2.0	5.0
5	燃气管线 低压 P≤0.01MPa	0.7	0.5	0.5	1.0	0.5	DN≤300mm 0.4	DN>300mm 0.5				1.0	0.5	0.5	0.5	1.0	1.0	0.75		1.0	1.0	1.0	1.5	2.0	5.0
5	中压 B 0.01MPa<P≤0.2MPa	1.0	0.5	0.5	1.2	0.5						1.0	0.5	0.5	0.5	1.0	1.5	0.75		1.0	2.0	2.0	1.5	2.0	5.0
5	中压 A 0.2MPa<P≤0.4MPa	1.5	0.5	0.5	1.2	0.5						1.0	0.5	0.5	0.5	1.0	1.5	0.75		1.0	2.0	2.0	1.5	2.0	5.0
5	次高压 B 0.4MPa<P≤0.8MPa	5.0	1.0	1.0	1.5	1.0						1.5	1.0	1.0	1.0	1.5	2.0	0.75		1.0	5.0	5.0	2.5	2.0	5.0
5	次高压 A 0.8MPa<P≤1.6MPa	13.5	1.5	1.5	2.0	1.5						2.0	1.5	1.5	1.5	1.5	4.0	0.75		1.0	5.0	5.0	2.5	2.0	5.0
6	直埋热力管线	3.0	1.5	1.5	1.5	1.0	1.0	1.0	1.0	1.5	2.0	—	2.0	2.0	1.0	1.5	1.5	1.5	1.5	1.0	5.0	(3.0 > 330kV 5.0)	1.5	2.0	5.0

续表

序号	管线及建(构)筑物名称		1 建(构)筑物	2 给水管线 d≤200mm	2 给水管线 d>200mm	3 污水,雨水管线	4 再生水管线	5 燃气 低压	5 中压 B	5 中压 A	5 次高压 B	5 次高压 A	6 直埋热力管线	7 电力管线 直埋	7 电力管线 保护管	8 通信管线 直埋	8 通信管线 管道通道	9 管沟	10 乔木	11 灌木	12 地上杆柱 通信照明及<10kV	12 高压铁塔基础边 ≤35kV	12 高压铁塔基础边 >35kV	13 道路侧石边缘	14 有轨电车钢轨	15 铁路钢轨(或坡脚)
7	电力管线	直埋	0.6	0.5	0.5	0.5	0.5	0.5	0.5	0.5	1.0	1.5	2.0	0.25	0.1	0.5(<35kV)/2.0(>35kV)	0.5	1.0	0.7	0.7	1.0	0.5	2.5	1.5	2.0	10.0(非电气化3.0)
		保护管	1.0	0.1	0.1	—	—	—	—	—	—	—	—	0.1	0.1	—	—	—	—	—	—	—	—	—	—	—
8	通信管线	直埋	1.0	1.0	1.0	1.0	1.0	0.5	0.5	1.0	1.0	2.0	1.0	1.0	0.7	0.5	0.5	1.5	1.5	1.0	1.0	0.5	3.0	1.5	2.0	2.0
		管道、通道	1.5	1.0	1.0	1.0	1.0	1.0	1.0	1.0	2.0	2.0	1.5	1.0	1.0	—	—	—	—	—	—	—	—	—	—	—
9	管沟		0.5	1.5	1.5	1.5	1.5	1.0	1.5	1.5	2.0	4.0	1.5	1.0	—	1.0	—	—	1.5	1.0	1.0	3.0	—	1.5	2.0	5.0
10	乔木		—	1.5	1.5	1.5	1.0	0.75		1.2			1.5	1.0	0.7	1.5	1.0	1.5	—	—	1.5	—	—	0.5	2.0	—
11	灌木		—	1.0	1.0	1.0	0.5						1.0	1.0	1.0	1.0	1.0	1.0	—	—	1.5	—	—	0.5	2.0	—
12	地上杆柱	通信照明及<10kV	—	0.5	0.5	0.5	0.5	1.0	1.0	1.0			1.0	2.0	1.0	0.5	2.5	1.5	1.5	0.5	—	—	—	0.5	2.0	3.0
		高压铁塔基础边 ≤35kV	3.0	3.0	1.5	3.0	1.0	2.0	2.0	2.0	5.0	5.0	3.0(<330kV 5.0)	2.0	2.0	0.5	2.5	3.0	1.5	1.5	—	—	—	0.5	2.0	3.0
		>35kV																								
13	道路侧石边缘		—	1.5	1.5	1.5	1.5	1.5	1.5	1.5	2.5	2.5	1.5	1.5	1.5	1.5	1.5	1.5	0.5	0.5	0.5	0.5	0.5	—	—	—
14	有轨电车钢轨		—	2.0	2.0	2.0	2.0	2.0	2.0	2.0	2.0	2.0	2.0	2.0	2.0	2.0	2.0	2.0	2.0	2.0	2.0	2.0	2.0	—	—	—
15	铁路钢轨(或坡脚)		—	5.0	5.0	5.0	5.0	5.0	5.0	5.0	5.0	5.0	5.0	10.0(非电气化3.0)		2.0	2.0	3.0	5.0	5.0	5.0	3.0	3.0	—	—	—

注 1. 地上杆柱与建(构)筑物距离,除地上杆柱与道路侧石边缘最小水平距离为其至建筑物基础的,均应符合相应规程的规定。

2. 管线距建筑物距离,除次高压燃气管道为其至建筑物基础外,还应符合现行国家标准《城镇燃气设计规范》(GB 50028)地下燃气管道采取有效的安全防护措施,当次高压燃气管道采取有效的安全防护措施或增加管壁厚度时,管道距建筑物外墙面不应小于 3.0m。

3. 地下燃气管线与铁塔基础边,当燃气管采用聚乙烯管材时,燃气管线与交流电力线接地体净距应符合现行行业标准《聚乙烯燃气管道工程技术规程》(CJJ 63)执行。

4. 燃气管线采用聚乙烯管材时,燃气管线与热力管线的最小水平净距应按现行行业标准《聚乙烯燃气管道工程技术规程》(CJJ 63)执行。

5. 直埋蒸汽管道与乔木最小水平间距为 2.0m。

工程管线交叉时的最小垂直净距见表13-6。

表 13-6　　　　　　　　　　　工程管线交叉时的最小垂直净距　　　　　　　单位：m

序号	管线名称		给水管线	污水、雨水管线	热力管线	燃气管线	通信管线		电力管线		再生水管线
							直埋	保护管及通道	直埋	保护管	
1	给水管线		0.15								
2	污水、雨水管线		0.40	0.15							
3	热力管线		0.15	0.15	0.15						
4	燃气管线		0.15	0.15	0.15	0.15					
5	通信管线	直埋	0.50	0.50	0.25	0.50	0.25	0.25			
		保护管、通道	0.15	0.15	0.25	0.15	0.25	0.25			
6	电力管线	直埋	0.50*	0.50*	0.50*	0.50*	0.50*	0.50*	0.50*	0.25	
		保护管	0.25	0.25	0.25	0.15	0.25	0.25	0.25	0.25	
7	再生水管线		0.50	0.40	0.15	0.15	0.25	0.25	0.50*	0.25	0.15
8	管沟		0.15	0.15	0.15	0.15	0.25	0.25	0.50*	0.25	0.15
9	涵洞（基底）		0.15	0.15	0.15	0.15	0.25	0.25	0.50*	0.25	0.15
10	电车（轨底）		1.00	1.00	1.00	1.00	1.00	1.00	1.00	1.00	1.00
11	铁路（轨底）		1.00	1.20	1.20	1.20	1.50	1.50	1.00	1.00	1.00

* 用隔板分隔时不得小于0.25m。

注　1. 燃气管线采用聚乙烯管材时，燃气管线与热力管线的最小垂直净距应按现行行业标准《聚乙烯燃气管道工程技术规程》（CJJ 63）执行。

　　2. 铁路为时速大于等于200km/h客运专线时，铁路（轨底）与其他管线最小垂直净距为1.50m。

13.3.1.2　综合管廊中110(66)kV及以上电缆应采用独立舱体建设。电力舱不宜与天然气管道舱、热力管道舱紧邻布置。

如图13-41、图13-42所示为综合管廊舱体布置图。

13.3.1.3　电缆通道及直埋电缆线路工程应严格按照相关标准和设计要求施工，并同步进行竣工测绘，非开挖工艺的电缆通道应进行三维测绘。应在投运前向运维部门提交竣工资料和图纸。

按照《国家电网公司输变电工程通用设计　电缆线路分册》（2017年版）进行设计。

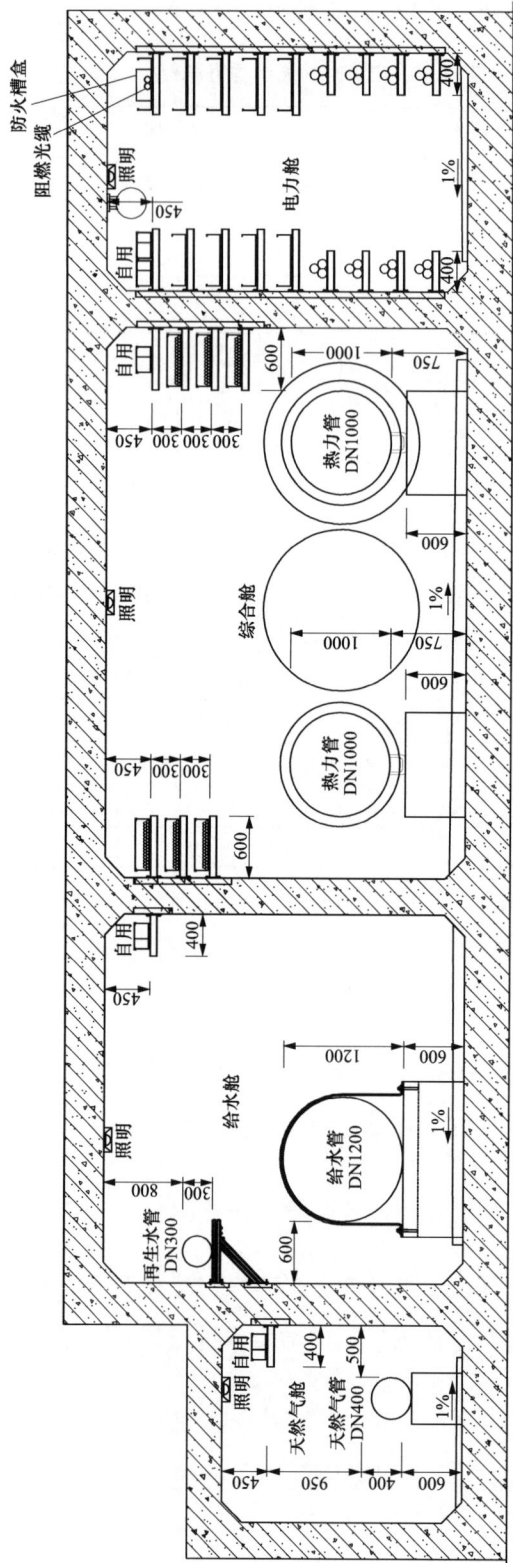

图 13-41 综合管廊舱体布置图（一）

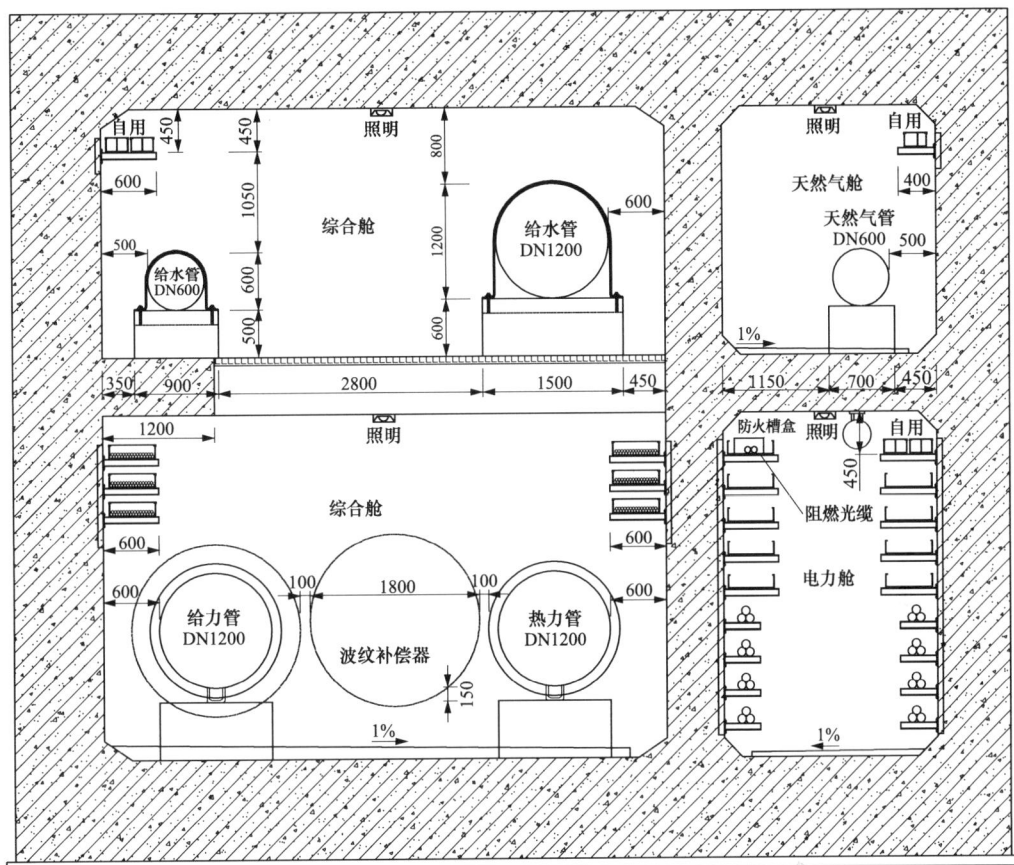

图 13-42 综合管廊舱体布置图（二）

西安地区常用模块选用情况如表 13-7 所示。

表 13-7　　　　　　　　　　　西安地区常用模块选用情况

模块名称	子模块	电压等级	电缆排列方式	断面规模
直埋	A-3	110kV	三角排列	埋设砖砌沟中 1.0m×1.0m，埋深≥0.7m
排管	B-11 B-12	110kV	水平、三角排列	φ200 电缆专用管，根据通道容量选用孔数，埋深≥1m
电缆沟	C-4	110kV	三角排列	双侧支架，沟顶覆土≥0.7m，净深 1.4～1.8m，净宽 1.2～1.5m
电缆隧道	D-1	110kV	三角排列	明挖隧道，双侧支架，矩形 2.0m×2.1m
	D-5	110kV	三角排列	钢筋混凝土管，双侧支架，直径 2.0～2.6m

13.3.1.4 直埋通道两侧应对称设置标识标牌，每块标识标牌设置间距一般不大于 50m。此外，电缆接头处、转弯处、进入建筑物处应设置明显方向桩或标桩。

如图 13-43 所示为直埋示意图。

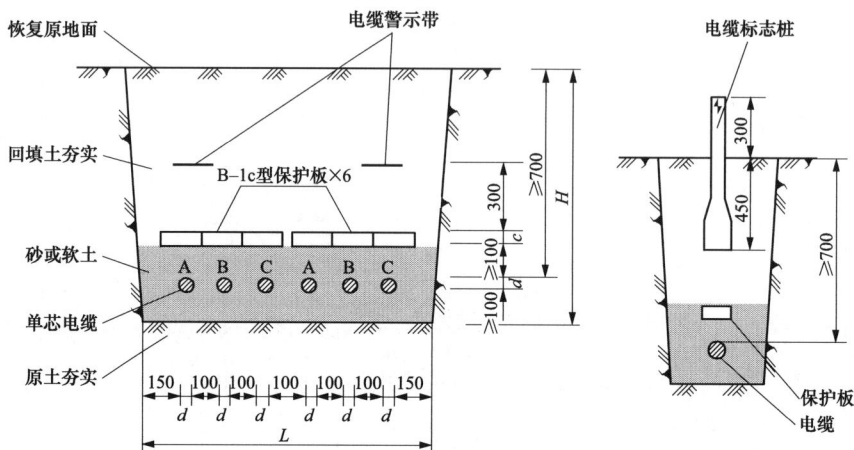

图 13-43　直埋示意图

13.3.1.5 电缆终端场站、隧道出入口、重要区域的工井井盖应有安防措施，并宜加装在线监控装置。户外金属电缆支架、电缆固定金具等应使用防盗螺栓。

执行《国网陕西省电力有限公司高压电缆及通道监测规划、建设规范》（陕电设备〔2022〕38 号），新建或改造 110kV 电缆通道，一级通道配置井盖监控（含双层防盗井盖），二级和三级均配置双层防盗井盖。

14 防止接地网和过电压事故

14.1 防止接地网事故

14.1.1 设计和基建阶段

14.1.1.1 在新建变电站工程设计中，应掌握工程地点的地形地貌、土壤的种类和分层状况，并提高土壤电阻率的测试深度，当采用四极法时，测试电极极间距离一般不小于拟建接地装置的最大对角线，测试条件不满足时至少应达到最大对角线的 2/3。

14.1.1.2 对于 110(66)kV 及以上电压等级新建、改建变电站，在中性或酸性土壤地区，接地装置选用热镀锌钢为宜，在强碱性土壤地区或者其站址土壤和地下水条件会引起钢质材料严重腐蚀的中性土壤地区，宜采用铜质、铜覆钢（铜层厚度不小于 0.25mm）或者其他具有防腐性能材质的接地网。对于室内变电站及地下变电站应采用铜质材料的接地网。

室内变电站及地下变电站的地网地面经过硬化处理，难以进行地网改造，因此，室内变电站及地下变电站应采用铜质材料的接地网。

14.1.1.5 在接地网设计时，应考虑分流系数的影响，计算确定流过设备外壳接地导体（线）和经接地网入地的最大接地故障不对称电流有效值。

110kV 变电站系统中性点接地为直接接地系统。根据 GB/T 50065—2011《交流电气装置的接地设计规范》中 4.2.1 的要求，接地电阻一般情况下应符合式（14-1）：

$$R \leqslant \frac{2000}{I_G} \tag{14-1}$$

式中 R——考虑到季节变化的最大接地电阻，Ω；

      I_G——计算用经接地网入地的最大接地故障不对称电流有效值，A。

根据 GB/T 50065—2011《交流电气装置的接地设计规范》中附录 B 的要求，发电厂或变电站内和发电厂或变电站外发生接地短路时，流经接地装置的电流可分别按下式计算：

$$I_g = (I_{max} - I_n)S_{f1} \tag{14-2}$$

$$I_g = I_n S_{f2} \tag{14-3}$$

式中　I_g——接地网入地对称电流，A；

I_{max}——发电厂和变电站内发生接地故障时的最大接地故障对称电流有效值，A；

I_n——发电厂和变电站内发生接地故障时流经其设备中性点的电流，A；

S_{f1}、S_{f2}——发电厂或变电站内和发电厂或变电站外短路时的工频分流系数。

在发电厂或变电站内、线路上发生接地故障时，线路上出现接地故障电流。故障电流经地线、杆塔分流后，剩余部分通过发电厂和变电站的接地网流入大地。这部分电流即为接地网的入地接地故障电流 I_g。而经接地网入地的计及直流偏移分量的接地故障不对称电流有效值 I_G 按式（14-4）计算：

$$I_G = D_f \times I_g \tag{14-4}$$

式中　D_f——衰减系数。

典型的衰减系数 D_f 值可按表 14-1 中 t_f 和 X/R 的关系确定。

表 14-1　　典型的衰减系数 D_f 值

故障延时 t_f(s)	50Hz 对应的周期	衰减系数 D_f			
		$X/R=10$	$X/R=20$	$X/R=30$	$X/R=40$
0.05	2.5	1.2685	1.4172	1.4965	1.5445
0.10	5	1.1479	1.2685	1.3555	1.4172
0.20	10	1.0766	1.1479	1.2125	1.2685
0.30	15	1.0517	1.1010	1.1479	1.1919
0.40	20	1.0390	1.0766	1.1130	1.1479
0.50	25	1.0313	1.0618	1.0913	1.1201
0.75	37.5	1.0210	1.0416	1.0618	1.0816
1.00	50	1.0158	1.0313	1.0467	1.0618

由短路电流计算书可知系统正序、负序阻抗和零序阻抗，计算正序、负序、零序电流有名值为：

$$I_1 = I_2 = I_0 = \frac{I_j}{X_{0\sum} + X_{1\sum} + X_{2\sum}} \tag{14-5}$$

单相接地短路时的最大接地短路电流为：

$$I_{\max} = 3I_0 \tag{14-6}$$

由于变压器支路没有正序、负序电流，只有零序电流流过，所以由分流公式得变电站 110kV 变压器 110kV 侧零序电流标幺值为：

$$I_{01}^* = \frac{X_{0\Sigma}}{X_{0\Sigma} + \dfrac{0.34}{3}} \times I_0^* \tag{14-7}$$

变电站 110kV 变压器 110kV 侧零序电流有名值为：

$$I_{01} = I_{01}^* \times I_{\mathrm{j}} \tag{14-8}$$

流经变压器中性点最大短路电流为：

$$I_{\mathrm{n}} = 3 \times I_{01} \tag{14-9}$$

计算经接地网入地的最大接地故障不对称电流有效值 I_G：

（1）厂站内发生接地故障时的分流系数取 $S_{\mathrm{f1}} = 0.5$。

（2）厂站外发生接地故障时的分流系数取 $S_{\mathrm{f2}} = 0.9$。

（3）计算经接地网入地的故障电流 I_g：

$$\left. \begin{aligned} I_{\mathrm{g}} &= (I_{\max} - I_{\mathrm{n}})S_{\mathrm{f1}} \\ I_{\mathrm{g}} &= I_{\mathrm{n}}S_{\mathrm{f2}} \end{aligned} \right\} \tag{14-10}$$

计算经接地网入地的故障电流取两式中较大的 I_g 值。

（4）计算经接地网入地的最大接地故障不对称电流有效值 I_G：

$$I_G = D_{\mathrm{f}} \times I_{\mathrm{g}} \tag{14-11}$$

故接地装置接地电阻一般情况下要求 $R \leqslant 2000/I_G$。

14.1.1.6 6～66kV 不接地、谐振接地和高电阻接地的系统，改造为低电阻接地方式时，应重新核算杆塔和接地网接地阻抗值和热稳定性。

6～66kV 不接地、谐振接地和高电阻接地的系统（小电流接地系统）改造为直接接地、低电阻接地系统（大电流接地系统）时，根据规范要求，接地电阻应由 $R \leqslant 120/I_g$，变更为 $R \leqslant 2000/I_g$，重新校核接地阻抗。

接地导体的截面应符合 $S_g \geqslant I_g \times \sqrt{t_e}/C$。改变接地方式后，故障电流 I_g 与持续时间 t_e 都发生了变化，因此，需要重新进行热稳定校核。

14.1.1.7 变电站内接地装置宜采用同一种材料。当采用不同材料进行混连时，地下部分应采用同一种材料连接。

不同材质的接地引下线与主接地网连接时极易通过电化学反应对接地材料造成腐蚀，应尽量避免该问题的发生。地下部分必须要采用同一种材料连接，防止接地导体电化学腐蚀。

如图 14-1 所示为接地网及引上线示意图。

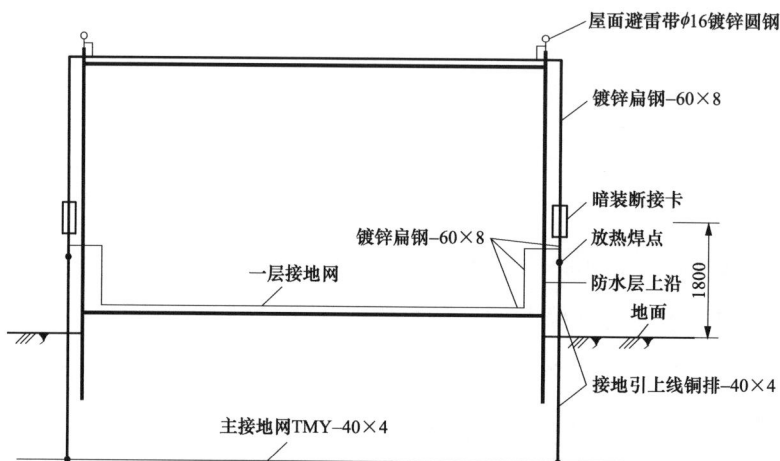

图 14-1　接地网及引上线示意图

14.1.1.8 接地装置的焊接质量必须符合有关规定要求，各设备与主地网的连接必须可靠，扩建地网与原地网间应为多点连接。接地线与主接地网的连接应用焊接，接地线与电气设备的连接可用螺栓或者焊接，用螺栓连接时应设防松螺母或防松垫片。

在图纸中明确以上施工工艺。

14.1.1.10 变电站控制室及保护小室应独立敷设与主接地网单点连接的二次等电位接地网，二次等电位接地点应有明显标志。

为降低二次设备间电位差，减少对二次回路的干扰，二次等电位接地网与主接地网的连接应使用不少于 4 根，每根截面积不小于 50mm² 的铜排或铜缆。

如图 14-2 所示为二次等电位接地网示意图。

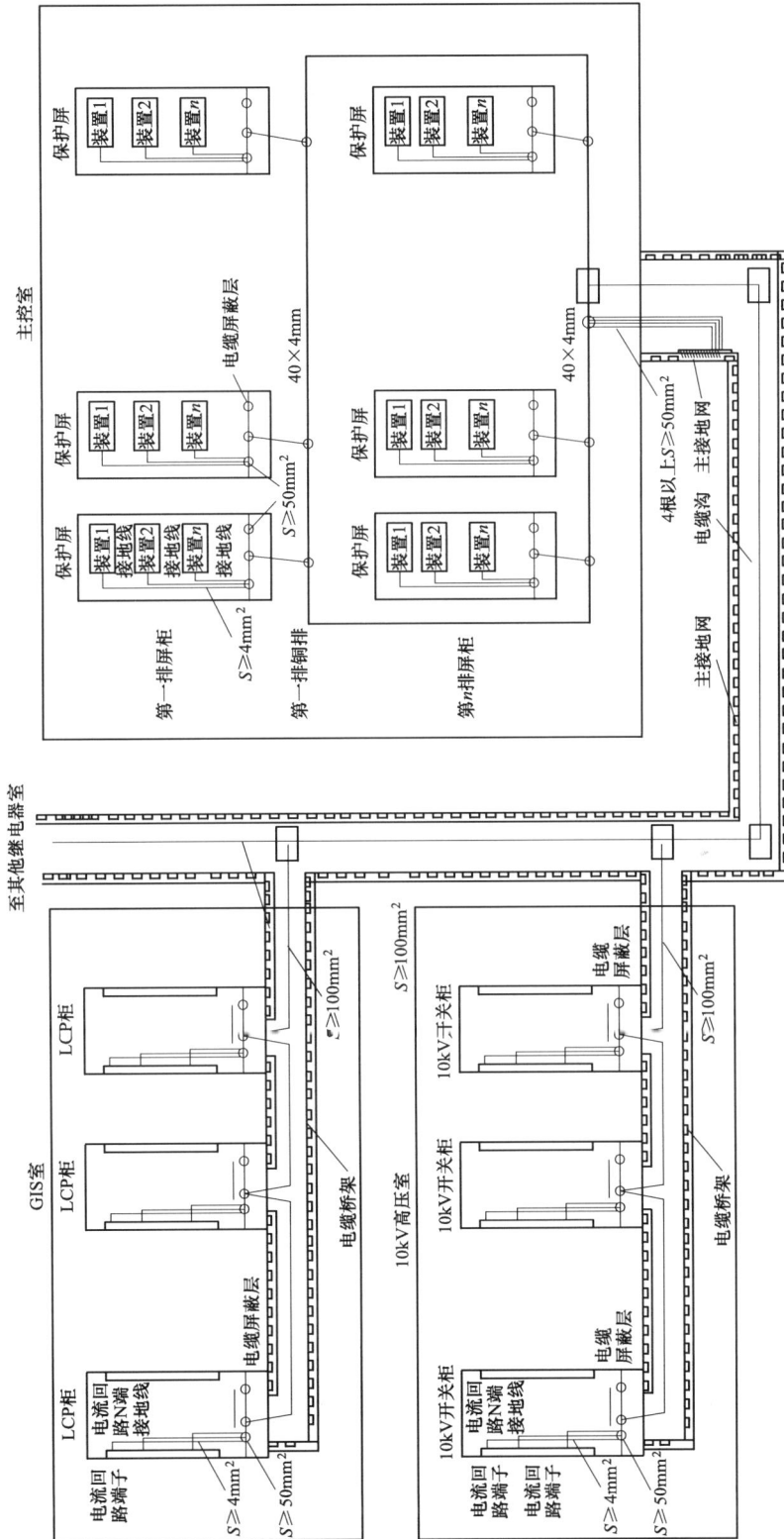

图 14-2 二次等电位接地网示意图

121

14.1.1.3 在新建工程设计中，校验接地引下线热稳定所用电流应不小于远期可能出现的最大值，有条件地区可按照断路器额定开断电流校核；接地装置接地体的截面不小于连接至该接地装置接地引下线截面的 75%，并提供接地装置的热稳定容量计算报告。

根据热稳定条件，不考虑腐蚀情况时，接地引下线的最小截面积应符合：

$$S_g \geqslant I_g/C \times \sqrt{t_e} \qquad (14\text{-}12)$$

式中　S_g——接地引下线的最小截面，mm^2；

　　　I_g——流过接地引下线的短路电流稳定值，A；

　　　t_e——短路的等效持续时间；

　　　C——接地引下线材料的热稳定系数，钢材取 70，铜材取 210。

发生短路故障时，流过接地引下线的电流是全部的故障电流，流过主接地网干线的电流是接地引下线的 50% 或更小，考虑远期裕度，接地装置接地极（主网干线）不宜小于连接至该接地装置的接地线截面的 75%。

14.1.1.4 变压器中性点应有两根与地网主网格的不同边连接的接地引下线，并且每根接地引下线均应符合热稳定校核的要求。主设备及设备架构等应有两根与主地网不同干线连接的接地引下线，并且每根接地引下线均应符合热稳定校核的要求。连接引线应便于定期进行检查测试。

根据运行经验，设备与主接地网连接存在的主要问题是接地引下线热容量不足和连接线只有一根。单根接地引下线因严重腐蚀导致的截面减小或非可靠连接，易造成设备失地运行。因此，变压器中性点应有两根与主接地网不同地点（地网主网格不同边）连接的接地引下线。

主设备指 110(66)kV 及以上断路器、电压互感器、电流互感器、隔离开关、避雷器等。

如图 14-3 所示为中性点接地示意图。

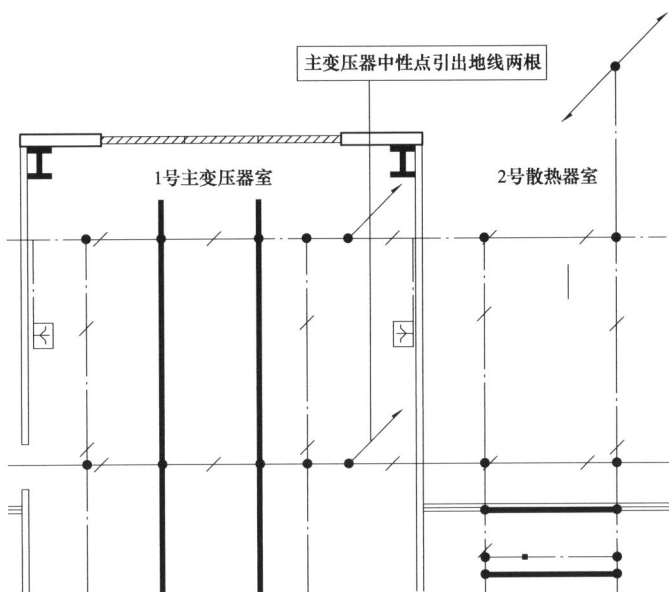

主变压器中性点引出地线两根

1号主变压器室　　　　　2号散热器室

图 14-3　中性点接地示意图

14.2　防止雷电过电压事故

14.2.1　设计阶段

14.2.1.1　架空输电线路的防雷措施应按照输电线路在电网中的重要程度、线路走廊雷电活动强度、地形地貌及线路结构的不同进行差异化配置，重点加强重要线路以及多雷区、强雷区内杆塔和线路的防雷保护。新建和运行的重要线路，应综合采取减小地线保护角、改善接地装置、适当加强绝缘等措施降低线路雷害风险。针对雷害风险较高的杆塔和线段可采用线路避雷器保护或预留加装避雷器的条件。

　　输电线路防雷的基本任务是采用技术上与经济上合理的措施将雷击事故减少到可以接受的程度，雷电活动是一个复杂的大自然现象，目前世界尚无一种防雷方法能够绝对保证线路免遭雷击。线路防雷也只能说是尽量减少雷击对线路带来的危害。结合实际工程运行情况，对于线路防雷设计有以下建议，关于绕击，进一步优化塔头结构，对双回铁塔采用0°防雷保护角，优化排杆，在交叉跨越允许的前提下尽量降低整个线路的杆塔高度，采用平衡高绝缘，以降低整个线路跳闸的概率，对双回线路采用逆相序排列的方式，以降低双回路同时跳闸的概率。

14.2.1.2 对符合以下条件之一的敞开式变电站应在 110(66)～220kV 进出线间隔入口处加装金属氧化物避雷器。

（1）变电站所在地区年平均雷暴日大于等于 50 或者近 3 年雷电监测系统记录的平均落雷密度大于等于 3.5 次/(km² · 年)。

（2）变电站 110(66)～220kV 进出线路走廊在距变电站 15km 范围内穿越雷电活动频繁平均雷暴日数大于等于 40 日或近 3 年雷电监测系统记录的平均落雷密度大于等于 2.8 次/(km² · 年) 的丘陵或山区。

（3）变电站已发生过雷电波侵入造成断路器等设备损坏。

（4）经常处于热备用运行的线路。

为了对线路断路器等设备进行有效保护，防止内绝缘或外绝缘击穿，在 110(66)～220kV 进出线间隔入口处加装金属氧化物避雷器。

14.2.1.5 设计阶段杆塔接地电阻设计值应参考相关标准执行，对 220kV 及以下电压等级线路，若杆塔处土壤电阻率大于 1000Ω · m，且地闪密度处于 C1 及以上，则接地电阻较设计规范宜降低 5Ω。

设计中根据 GB/T 50065—2011《交流电气装置的接地设计规范》和运行经验而确定。

14.5 防止弧光接地过电压事故

14.5.4 在不接地和谐振接地系统中，发生单相接地故障时，应按照就近、快速隔离故障的原则尽快切除故障线路或区段。尤其对于与 66kV 及以上电压等级电缆同隧道、同电缆沟、同桥梁敷设的纯电缆线路，应全面采取有效防火隔离措施并开展安全性与可靠性评估，当发生单相接地故障时，应尽量缩短切除故障线路时间，降低发生弧光接地过电压的风险。

10kV 系统采用消弧线圈接地方式时，依据《国网设备部关于加强大城市配电电缆网单相接地故障快速处置工作的通知》（设备配电〔2019〕64 号）、《国网运检部关于印发生产技术改造和设备大修原则的通知（运检计划〔2013〕428 号）》及《国家电网公司生产技术改造原则》的相关要求，增加小电流接地选线跳闸装置，发生单相接地故障后，迅速查出故障线路并加以排除；10kV 系统采用小电阻接地方式时，发生单相接地故障后，启动 10kV 线路保护装置中的零序保护，迅速跳闸切除故障线路。

对于与 66kV 及以上电压等级电缆同隧道、同电缆沟、同桥梁敷设的纯电缆线路，按照（GB 50217—2018《电力工程电缆设计标准》中 5.1.3 的要求，按电压等级由高到低按照从下而上的顺序排列，且同一重要回路的工作与备用电缆配置在不同层或不同侧的支架上，并实行防火分隔。

如图 14-4、图 14-5 所示分别为采用防火隔板、防火袋分隔。

图 14-4　采用防火隔板分隔

图 14-5　采用防火沙袋分隔

14.6　防止无间隙金属氧化物避雷器事故

14.6.1　设计制造阶段

14.6.1.1　110(66)kV 及以上电压等级避雷器应安装与电压等级相符的交流泄漏电流监测装置。

110kV 避雷器交流泄漏电流监测装置选择 0～3mA 的泄漏电流量程。

14.7　防止避雷针事故

14.7.1　设计阶段

14.7.1.1　构架避雷针设计时应统筹考虑站址环境条件、配电装置构架结构形式等，采用格构式避雷针或圆管型避雷针等结构形式。

14.7.1.2　构架避雷针结构形式应与构架主体结构形式协调统一，通过优化结构形式，有效减小风阻。构架主体结构为钢管人字柱时，宜采用变截面钢管避雷针；构架主体结构采用格构柱时，宜采用变截面格构式避雷针。构架避雷针如采用管型结构，法兰连接处应采用有劲肋板法兰刚性连接。

目前设计中户外架构采用变截面钢管结构形式，为体现结构形式协调统一，避雷针选用变截面圆管型避雷针结构形式，法兰连接处采用有劲肋板法兰刚性连接。

14.7.1.3 在严寒大风地区的变电站，避雷针设计应考虑风振的影响，结构型式宜选用格构式，以降低结构对风荷载的敏感度；当采用圆管型避雷针时，应严格控制避雷针针身的长细比，法兰连接处应采用有劲肋板刚性连接，螺栓应采用 8.8 级高强度螺栓，双帽双垫，螺栓规格不小于 M20，结合环境条件，避雷针钢材应具有冲击韧性的合格保证。

西安地区不属于严寒地区，通常采用圆管型避雷针结构形式，法兰连接处已采用有劲肋板的刚性连接，螺栓采用 8.8 级高强度螺栓，双帽双垫，螺栓规格为 M20。

14.7.2 基建阶段

14.7.2.1 钢管避雷针底部应设置有效排水孔，防止内部积水锈蚀或冬季结冰。

在钢管避雷针底部设置 $\phi50$ 排水孔，孔中心离地 200mm。

14.7.2.2 在非高土壤电阻率地区，独立避雷针的接地电阻不宜超过 10Ω。当有困难时，该接地装置可与主接地网连接，但避雷针与主接地网的地下连接点至 35kV 及以下电压等级设备与主接地网的地下连接点之间，沿接地体的长度不得小于 15m。

根据 GB/T 50064—2014《交流电气装置的过电压保护和绝缘配合设计规范》中相关规定，当独立避雷针接地电阻不满足要求需与主接地网连接时，避雷针与主接地网的地下连接点至 35kV 及以下电压等级设备与主接地网的地下连接点之间，沿接地体的长度不得小于 15m。

15 防止继电保护事故

15.1 规划设计阶段应注意的问题

15.1.1 涉及电网安全稳定运行的发、输、变、配及重要用电设备的继电保护装置应纳入电网统一规划、设计、运行和管理。在一次系统规划建设中，应充分考虑继电保护的适应性，避免出现特殊接线方式造成继电保护配置及整定难度的增加，为继电保护安全可靠运行创造良好条件。

继电保护是电网的重要组成部分，由于电力系统一、二次设备的相关性，涉及电网安全稳定运行的发、输、变、配及重要用电设备的继电保护装置应纳入电网统一规划、设计、运行和管理。设计中应用通用设计，通用设计具有模块化设计的特点，配电装置、控制楼均可以根据工程规模，以通用设计作为修正模块进行调整。

15.1.2 继电保护装置的配置和选型，必须满足有关规程规定的要求，并经相关继电保护管理部门同意。保护选型应采用技术成熟、性能可靠、质量优良并经国家电网有限公司组织的专业检测合格的产品。

选用技术成熟、性能可靠、质量优良并经国家电网有限公司专业检测合格的继电保护装置，避免不合格产品进入电网，对安全稳定运行造成威胁。

15.1.3 继电保护组屏设计应充分考虑运行和检修时的安全性，确保能够采取有效的防继电保护"三误"（误碰、误整定、误接线）措施。当双重化配置的两套保护装置不能实施确保运行和检修安全的技术措施时，应安装在各自保护柜内。

110kV变电站设计组屏一般遵循按间隔和模块化组屏原则。站控层设备模块、故障录波、公用测控、电能量计量系统、时钟同步系统模块等均组屏布置于二次设备室内。110kV系统模块设备、过程层设备分散布置于就地预制式智能汇控柜内。

充分考虑了运行和检修时的安全性，有效地防止了继电保护"三误"（误碰、误整定、误接线）事件的发生。

如图 15-1～图 15-4 所示分别为二次设备组屏图和分散布置图。

监控主机柜1	监控主机柜2	综合应用服务器柜	I区数据通信网关机柜	II区数据通信网关机柜	公用测控柜
			I区数据通信网关机1	II区通信网关机	公用测控1
		显示器	I区数据通信网关机2	III/IV区通信网关机	公用测控2
KVM显示器	KVM显示器		I区站控层交换机1	II区站控层交换机	母线测控1
监控主机1	监控主机2	综合应用服务器	I区站控层交换机2	防火墙	母线测控2
			智能接口	正向隔离装置	
				反向隔离装置	
网络打印机				网络安全在线监测装置	
A01柜	A02柜	A03柜	A04柜	A05柜	A06柜
2260×600×900	2260×600×900	2260×600×900	2260×600×600	2260×600×600	2260×600×600

1号主变压器测控柜	2号主变压器测控柜	3号主变压器测控柜	1号主变压器保护柜	2号主变压器保护柜	3号主变压器保护柜
主变压器高压侧测控	主变压器高压侧测控	主变压器高压侧测控	主变压器保护1	主变压器保护1	主变压器保护1
主变压器低压侧测控	主变压器低压侧测控	主变压器低压侧测控	主变压器保护2	主变压器保护2	主变压器保护2
本体测控	本体测控	本体测控			
			过程层交换机	过程层交换机	过程层交换机
A07柜	A08柜	A09柜	A10柜	A11柜	A12柜
2260×600×600	2260×600×600	2260×600×600	2260×600×600	2260×600×600	2260×600×600

图 15-1　二次设备组屏图（一）

110kV分段及备自投柜	低频低减载柜	时钟同步柜	网络分析柜	故障录波柜	调度数据网柜2
110kV备自投	低频低压减载		网分管理单元	故录管理单元	路由器
		时钟装置			交换机
过程层交换机	打印机				交换机
过程层交换机			显示器	显示器	纵向加密
过程层交换机					纵向加密
过程层交换机			故录记录单元	故录记录单元	
			网络监测记录单元	网络监测记录单元	
			打印机	打印机	
A13柜	A14柜	A15柜	A16柜	A17柜	A18柜
2260×600×600	2260×600×600	2260×600×600	2260×600×600	2260×600×600	2260×600×600

调度数据网柜2	独立智能防误系统	电度表柜		110kV母线保护柜	辅控
路由器		数字式电表	数字式电表		
交换机	显示器	数字式电表	数字式电表	110kV母线保护	
交换机		数字式电表	数字式电表		
纵向加密	智能防误主机				
纵向加密		电量采集器			
A19柜	A20柜	A21柜		A22柜	A23柜
2260×600×600	2260×600×600	2260×600×600		2260×600×600	2260×600×600

图 15-2　二次设备组屏图（二）

110kV线路汇控柜1	110kV线路汇控柜2	110kV线路汇控柜3	110kV线路汇控柜4	110kV线路汇控柜5	110kV分段汇控柜	110kV母线汇控柜1
110kV线路合智一体	110kV线路合智一体	110kV线路合智一体	110kV线路合智一体	110kV线路合智一体	110kV分段合智一体	110kV母线合并单元
110kV线路测控	110kV线路测控	110kV线路测控	110kV线路测控	110kV线路测控	110kV分段保护测控	110kV母线智能终端
110kV线路保护	110kV线路保护	110kV线路保护	110kV线路保护	110kV线路保护	110kV分段测控	
电能表	电能表	电能表	电能表	电能表	交换机	
B01柜	B02柜	B03柜	B04柜	B05柜	B06柜	B07柜
GIS厂家提供屏柜	GIS厂家提供屏柜	GIS厂家提供屏柜	GIS厂家提供屏柜	GIS厂家提供屏柜	GIS厂家提供屏柜	GIS厂家提供屏柜

110kV母线汇控柜2	主变压器高压侧汇控柜1	主变压器高压侧汇控柜2	主变压器高压侧汇控柜3
110kV母线合并单元	主变压器高压侧合智一体	主变压器高压侧合智一体	主变压器高压侧合智一体
110kV母线智能终端	主变压器高压侧合智一体	主变压器高压侧合智一体	主变压器高压侧合智一体
B08柜	B09柜	B10柜	B11柜
GIS厂家提供屏柜	GIS厂家提供屏柜	GIS厂家提供屏柜	GIS厂家提供屏柜

图 15-3　二次设备分散布置图（一）

F01 10kV间隔层交换机 共2台 安装在10kV母线TV开关柜	F02 主变压器低压侧合智一体 共4台 安装主变压器低压侧进线开关柜	F03 10kV线路保护测控 共24台 安装在10kV出线开关柜	F04 10kV电容器保护测控 共4台 安装在10kV电容器开关柜
F05 10kV接地变压器保护测控 共2台 安装在10kV接地变压器开关柜	F06 10kV电压并列 共2台 安装在10kV分段隔离柜	F07 10kV分段保护测控、 备投装置 各1台 安装在10kV分段开关柜	F08 二次消谐装置 共2台 安装在10kV母线TV开关柜
F09 10kV母线测控 共3台 安装在10kV母线TV开关柜	F10 10kV站用变压器保护测控 共2台 安装在10kV站用变压器开关柜		

图 15-4　二次设备分散布置图（二）

15.1.5 当保护采用双重化配置时，其电压切换箱（回路）隔离开关辅助触点应采用单位置输入方式。单套配置保护的电压切换箱（回路）隔离开关辅助触点应采用双位置输入方式。电压切换直流电源与对应保护装置直流电源取自同一段直流母线且共用直流空气开关。

常规 110kV 变电站主接线采用双母线接线时，110kV 线路保护装置单套配置，且保护装置内含电压切换回路，电压切换回路隔离开关辅助触点采用双位置输入方式；主变压器保护装置双套配置，且配置独立的电压切换箱，电压切换箱隔离开关辅助触点采用单位置输入方式。

智能变电站电压切换箱含在合并单元智能终端集成装置内，电压切换回路隔离开关辅助触点采用双位置输入方式。

如图 15-5 所示为双位置电压切换箱，如图 15-6 所示为单位置电压切换回路。

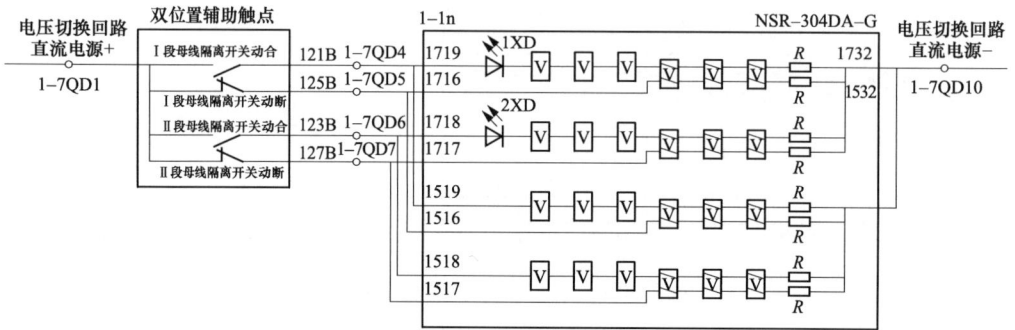

图 15-5　双位置电压切换箱

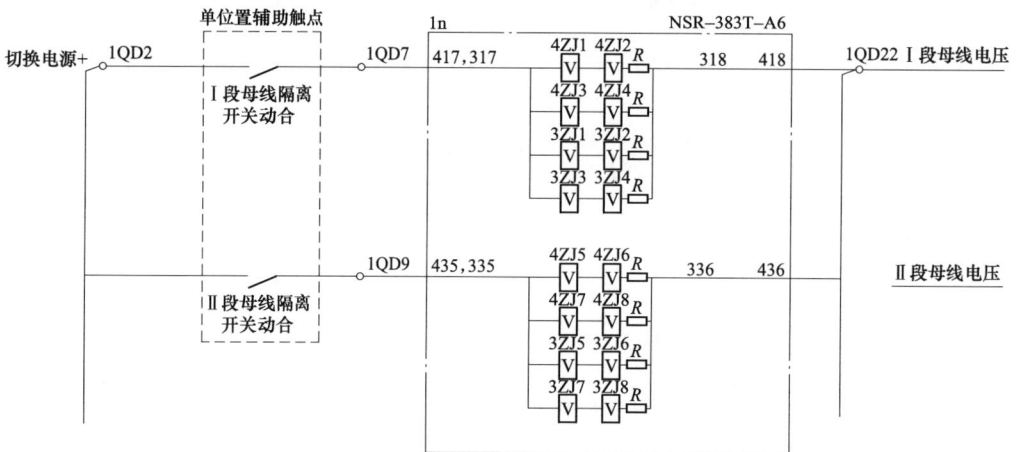

图 15-6　单位置电压切换回路

15.1.6　纵联保护应优先采用光纤通道。分相电流差动保护收发通道应采用同一路由，确保往返延时一致。在回路设计和调试过程中应采取有效措施防止双重化配置的线路保护或双回线的线路保护通道交叉使用。

110kV 线路保护采用纵联差动保护，从保护装置的光纤接口采用 FC-FC 单模光缆（尾缆）接入站内综合配线架。

利用光纤通道作为纵联保护的通道，可以提高通道的抗电磁干扰能力，降低一次设备故障对保护通道的影响。同时，由于数字通信传输容量大的特点，可以使保护性能获得较大提升。

如图 15-7 所示为 110kV 线路纵联差动保护背板图，如图 15-8 所示为 110kV 线路纵联差动保护光纤接线图。

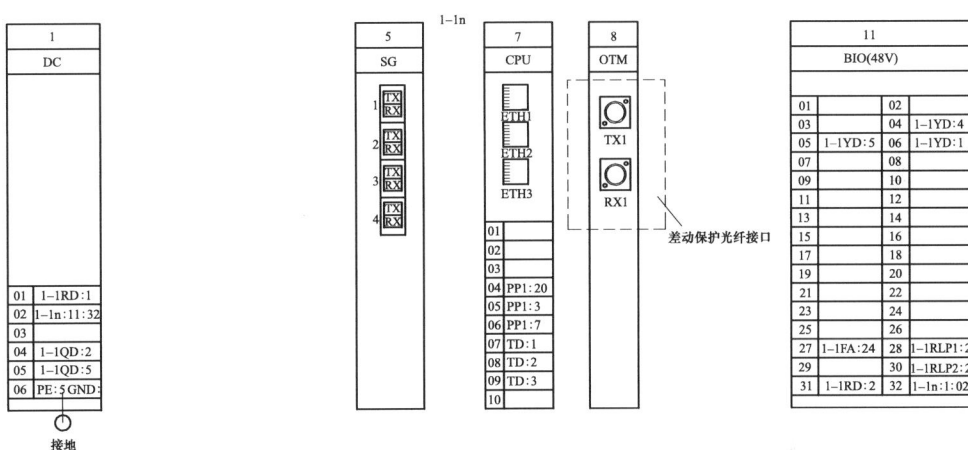

图 15-7　110kV 线路纵联差动保护背板图

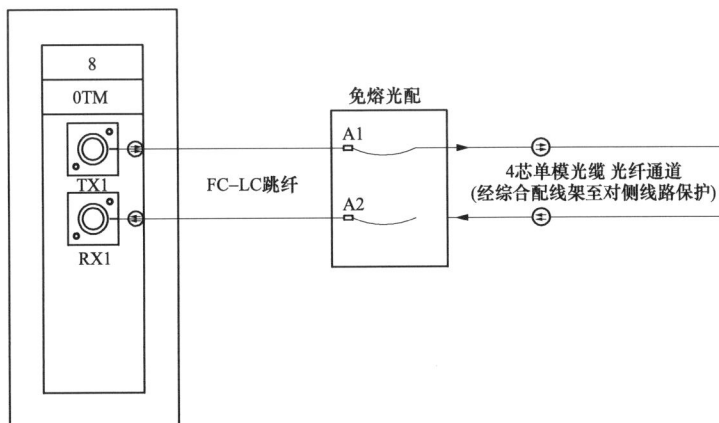

图 15-8　110kV 线路纵联差动保护光纤接线图

15.1.8 在新建、扩建和技改工程中，应根据《电流互感器和电压互感器选择及计算规程》（DL/T 866—2015）、《互感器 第2部分：电流互感器的补充技术要求》（GB 20840.2—2014）和电网发展的情况进行互感器的选型工作，并充分考虑到保护双重化配置的要求。

15.1.9 应根据系统短路容量合理选择电流互感器的容量、变比和特性，满足保护装置整定配合和可靠性的要求。

15.1.10 线路各侧或主设备差动保护各侧的电流互感器的相关特性宜一致，避免在遇到较大短路电流时因各侧电流互感器的暂态特性不一致导致保护不正确动作。

15.1.11 母线差动保护各支路电流互感器变比差不宜大于4倍。

15.1.12 母线差动、变压器差动和发变组差动保护各支路的电流互感器应优先选用准确限值系数（ALF）和额定拐点电压较高的电流互感器。

15.1.8～15.1.12 条文均是对接入保护装置的电流互感器的要求。电流互感器的选型和安装位置会直接影响到继电保护的功能及保护范围，因此应予以全面充分的考虑。

（1）电流互感器的选择应根据相关规程要求进行计算，绕组数量应考虑"双重化"配置要求。

（2）应根据被保护设备的特点以及保护范围选择保护形式和电流互感器的安装位置，防止出现保护死区。

（3）为保证保护动作的正确性，应尽量保证差动保护各侧电流互感器暂态特性、相应饱和电压的一致性，以提高保护动作的灵敏性，避免保护的不正确动作和穿越性故障时保护的误动。

（4）所有保护装置对外输入信号适应范围都有一定的要求，合理地选择电流互感器容量、变比和特性，有助于充分发挥保护功能，利于整定配合，提高继电保护可靠性、选择性、灵敏性和速动性。

15.1.13 应充分考虑合理的电流互感器配置和二次绕组分配，消除主保护死区。

考虑合理的电流互感器配置，选择互感器二次绕组，应考虑保护范围的交叉，避免在互感器内部发生故障时出现"死区"，如图15-9、图15-10所示。

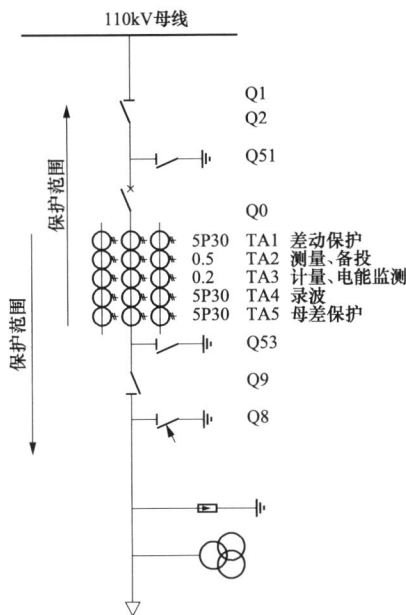

图 15-9　无死区互感器配置图　　　图 15-10　保护死区互感配置图

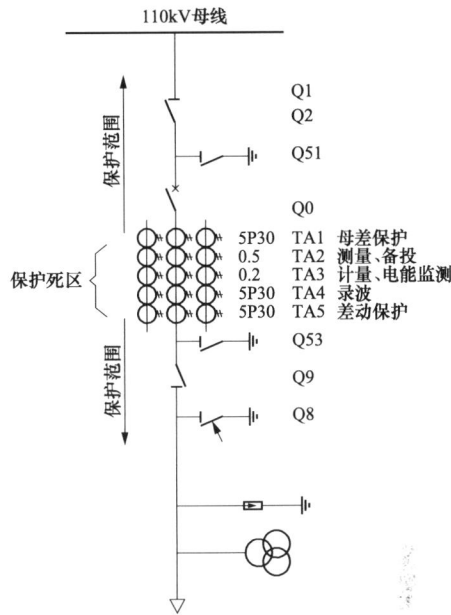

图 15-9 布置的电流互感器接线图中，母差保护和线路保护的保护范围相互交叉，避免了保护死区；图 15-10 布置的电流互感器接线图中，母线保护和线路保护之间范围失去了保护，出现了保护死区。

15.1.13.3 对确实无法快速切除故障的保护动作死区，在满足系统稳定要求的前提下，可采取启动失灵和远方跳闸等后备措施加以解决；经系统方式计算可能对系统稳定造成较严重的威胁时，应进行改造。

根据《陕西 110kV 电网继电保护配置及整定规定（试行）》（陕电调〔2013〕45 号）的要求，需要快速切除母线上故障时，应装设专用的母线保护。目前新建 110kV 变电站已经全部配置了 110kV 母差保护，并含有断路器失灵保护功能及远跳等功能。对于改造站具备增加 110kV 母差保护条件的，也按要求增加了母差保护。

15.1.14 对 220kV 及以上电压等级电网、110kV 变压器、110kV 主网（环网）线路（母联）的保护和测控，以及 330kV 变电站的 110kV 电压等级保护和测控应配置独立的保护装置和测控装置，确保在任意元件损坏或异常情况下，保护和测控功能互相不受影响。

随着调控一体化的全面推进,大多数变电站实现了无人值守,遥控、遥调等功能也逐步在应用。保护功能和测控功能相互不受影响,信息上传及时、准确,保护装置和测控装置独立配置是采取的有效手段之一。

目前的 110kV 变电站 110kV 线路、分段保护和测控均配置独立的保护装置和测控装置。保护和测控装置电源分别设置装置电源空气开关,确保在任意元件损坏或异常情况下,保护和测控功能互相不受影响。

如图 15-11 所示为 110kV 智能站汇控柜面板布置图,如图 15-12 所示为 110kV 常规站保护屏面布置图。

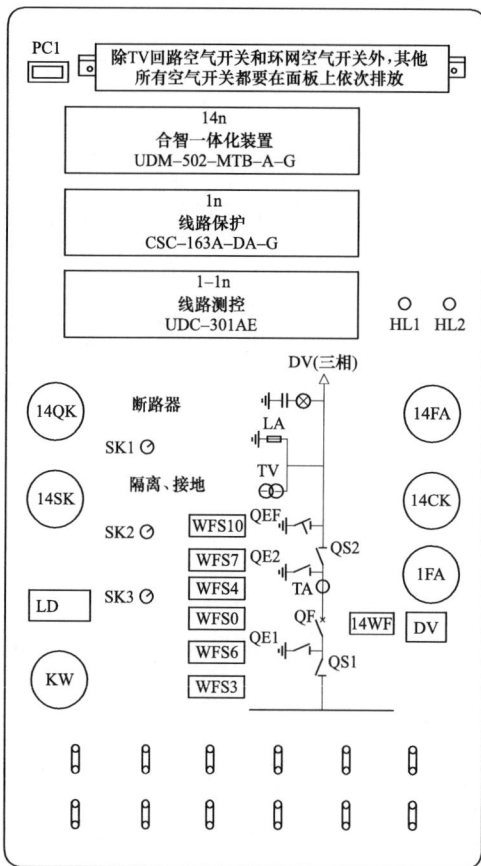

图 15-11 110kV 智能站汇控柜面板布置图

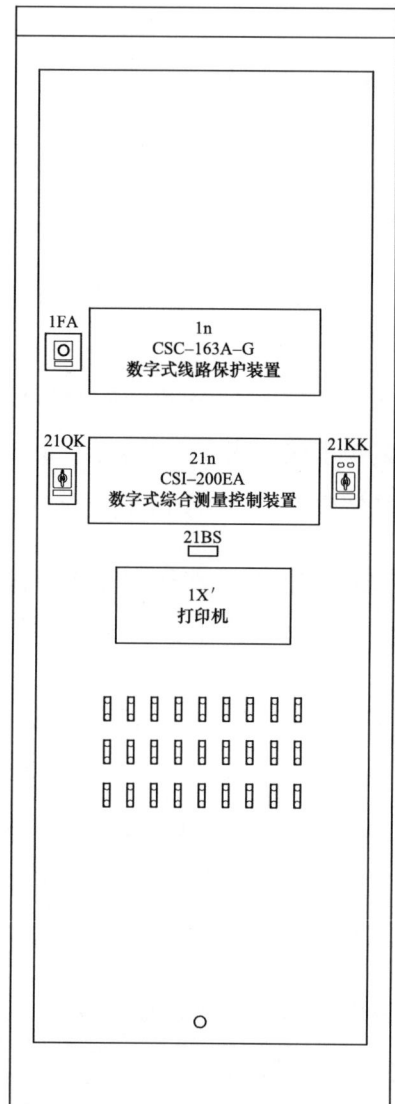

图 15-12 110kV 常规站保护屏面布置图

15.1.19 110(66)kV 及以上电压等级变电站应配置故障录波器。

新建 110kV 变电站已经全部配置了 110kV 故障录波器，对于未配备故障录波器的变电站在后期改造时增加配置。

如图 15-13 所示为二次室屏位布置图。

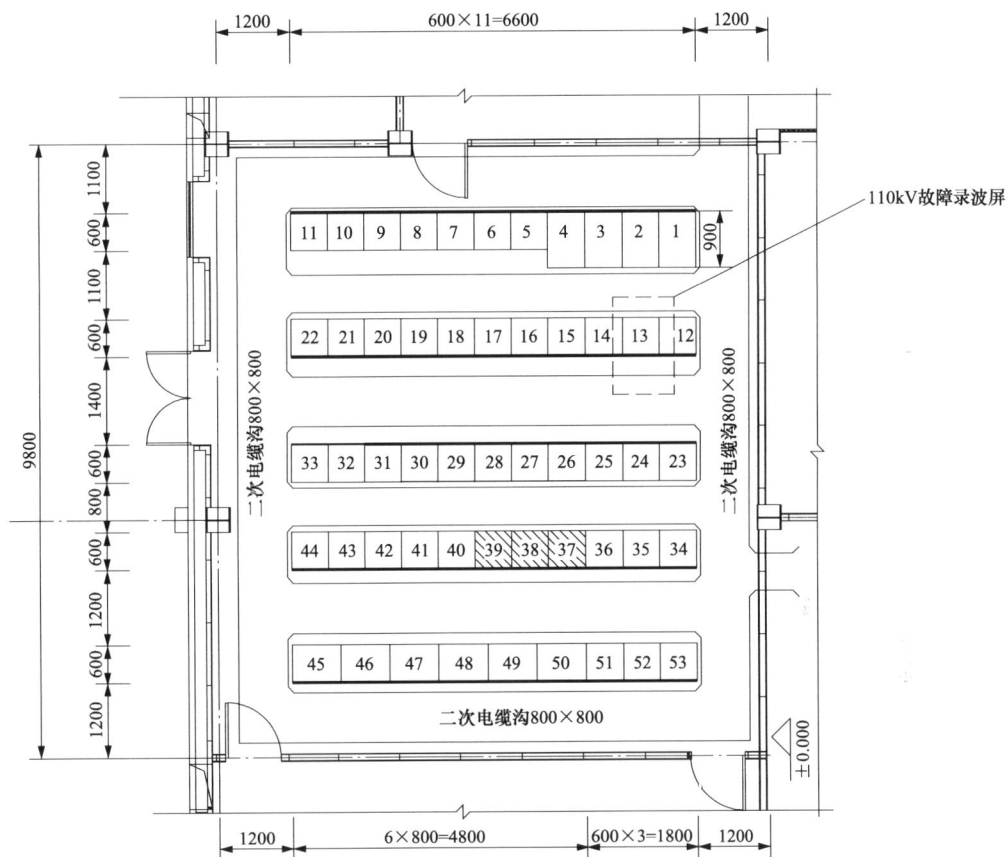

图 15-13 二次室屏位布置图

15.1.20 变电站内的故障录波器应能对站用直流系统的各母线段（控制、保护）对地电压进行录波。

新配置的故障录波装置均含有对直流系统的各母线段（控制、保护）对地电压进行录波的功能，已严格执行将直流母线对地电压接入至故障录波装置。

如图 15-14 所示为故障录波对地电压回路原理及端子排图。

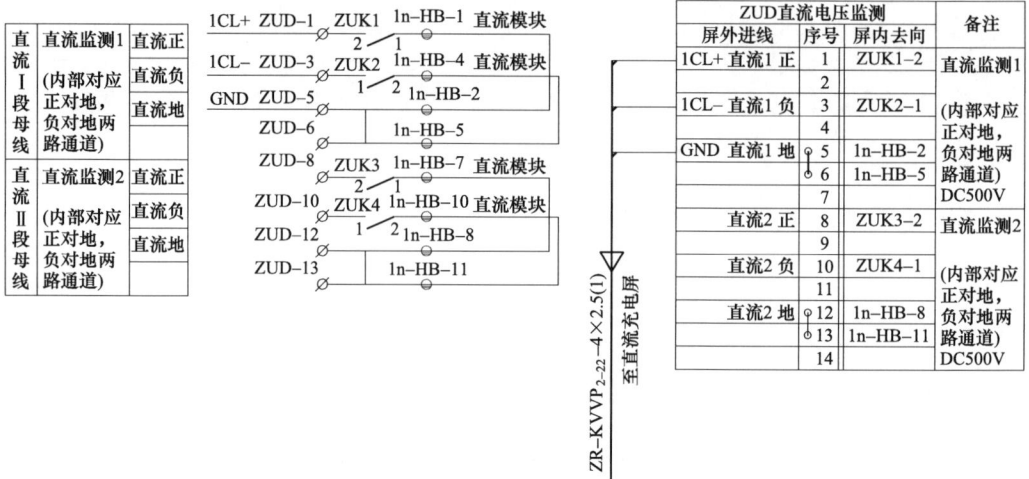

ZUD直流电压监测			备注
屏外进线	序号	屏内去向	
1CL+ 直流1 正	1	ZUK1-2	直流监测1
	2		
1CL- 直流1 负	3	ZUK2-1	(内部对应
	4		正对地，
GND 直流1 地	5	1n-HB-2	负对地两
	6	1n-HB-5	路通道)
	7		DC500V
直流2 正	8	ZUK3-2	直流监测2
	9		
直流2 负	10	ZUK4-1	(内部对应
	11		正对地，
直流2 地	12	1n-HB-8	负对地两
	13	1n-HB-11	路通道)
	14		DC500V

图 15-14　故障录波对地电压回路原理及端子排图

15.1.21　为保证继电保护相关辅助设备（如交换机、光电转换器等）的供电可靠性，宜采用直流电源供电。因硬件条件限制只能交流供电的，电源应取自站用不间断电源。

新建110kV变电站内交换机均采用双直流电源供电，如图 15-15 所示为交换机背板接线图。

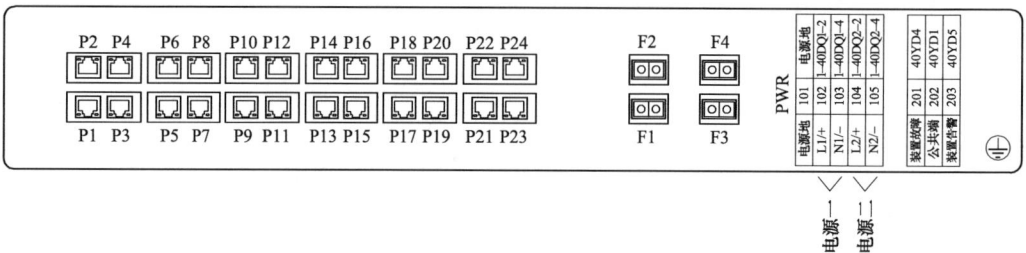

图 15-15　交换机背板接线图

15.2　继电保护配置应注意的问题

15.2.1　继电保护的设计、选型、配置应以继电保护"四性"（可靠性、速动性、选择性、灵敏性）为基本原则，任何技术创新不得以牺牲继电保护的快速性和可靠性为代价。

继电保护装置的配置和选型必须满足有关规程规定的要求，并经相关继电保护部门同意。设计阶段采用的保护装置均为国家电网有限公司招标或省公司层面的招标产品，均为技术成熟、性能可靠、质量优良并经国家电网有限公司组织的专业检测合格的产品。

15.2.2 电力系统重要设备的继电保护应采用双重化配置，两套保护装置的跳闸回路应与断路器的两个跳闸线圈分别一一对应。每一套保护均应能独立反应被保护设备的各种故障及异常状态，并能作用于跳闸或发出信号，当一套保护退出时不应影响另一套保护的运行。双重化配置的继电保护应满足以下基本要求：

15.2.2.1 两套保护装置的交流电流应分别取自电流互感器互相独立的绕组；交流电压应分别取自电压互感器互相独立的绕组。对原设计中电压互感器仅有一组二次绕组，且已经投运的变电站，应积极安排电压互感器的更新改造工作，改造完成前，应在开关场的电压互感器端子箱处，利用具有短路跳闸功能的两组分相空气开关将按双重化配置的两套保护装置交流电压回路分开。

新建的 110kV 变电站主变压器保护采用双重化配置。电压互感器二次绕为 4 组，准确级分别为：0.2/0.5(3P)/0.5(3P)/3P，主变压器保护 A 采集的电压来自电压互感器第二个绕组［0.5(3P) 级］，主变压器保护 B 采集的电压来自电压互感器第三个绕组［0.5(3P) 级］。

110kV 变电站主变压器保护采用双重化配置。110kV、10kV 电压互感器二次绕为 4 组，准确级分别为：0.2/0.5(3P)/0.5(3P)/3P，主变压器保护 A 采集的电压来自电压互感器第二个绕组［0.5(3P) 级］，主变压器保护 B 采集的电压来自电压互感器第三个绕组［0.5(3P) 级］。

如图 15-16 所示为主变压器保护双重化配置。

15.2.2.2 两套保护装置的直流电源应取自不同蓄电池组连接的直流母线段。每套保护装置与其相关设备（电子式互感器、合并单元、智能终端、网络设备、操作箱、跳闸线圈等）的直流电源均应取自与同一蓄电池组相连的直流母线，避免因一组站用直流电源异常对两套保护功能同时产生影响而导致的保护拒动。

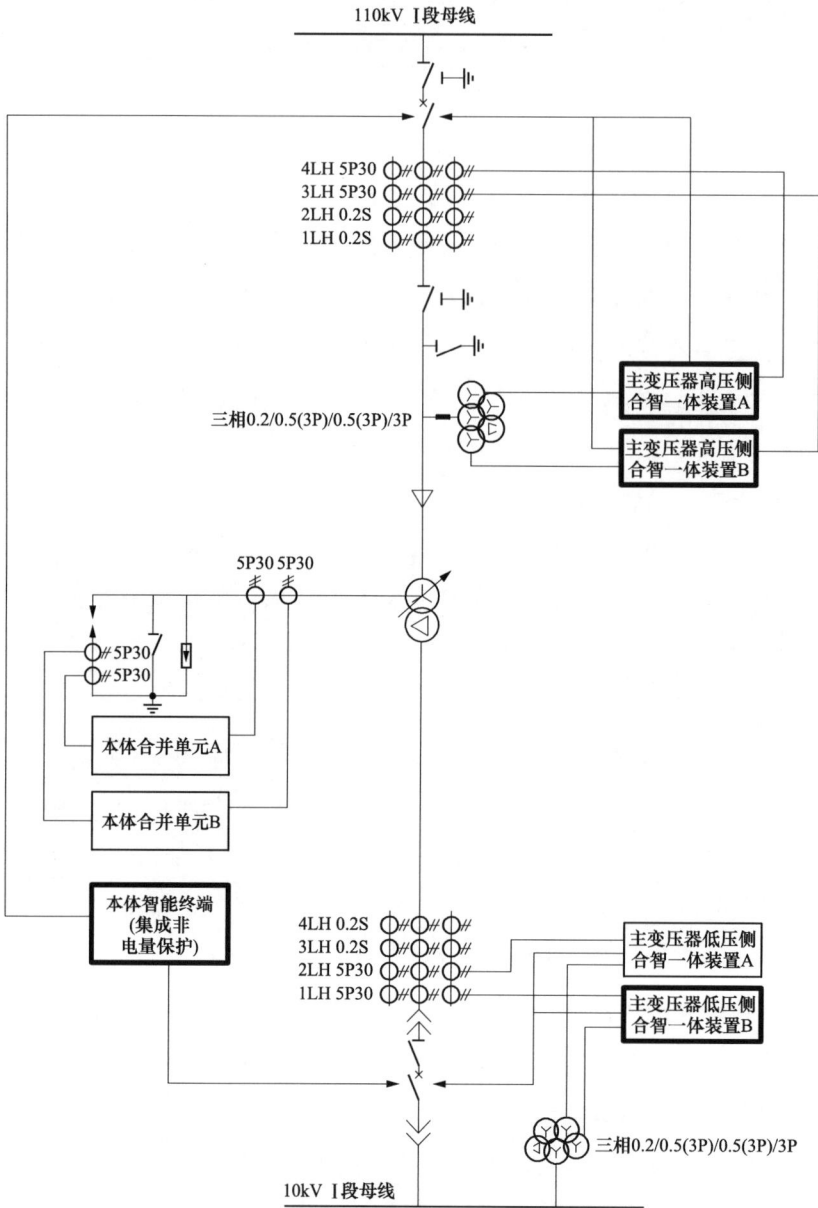

图 15-16 主变压器保护双重化配置

根据《国家电网有限公司 35～750kV 输变电工程通用设计》，目前新建的 110kV 变电站一体化直流系统采用单充单电，主接线为两段单母线接线。

如图 15-17 所示为一体化直流系统接线图。

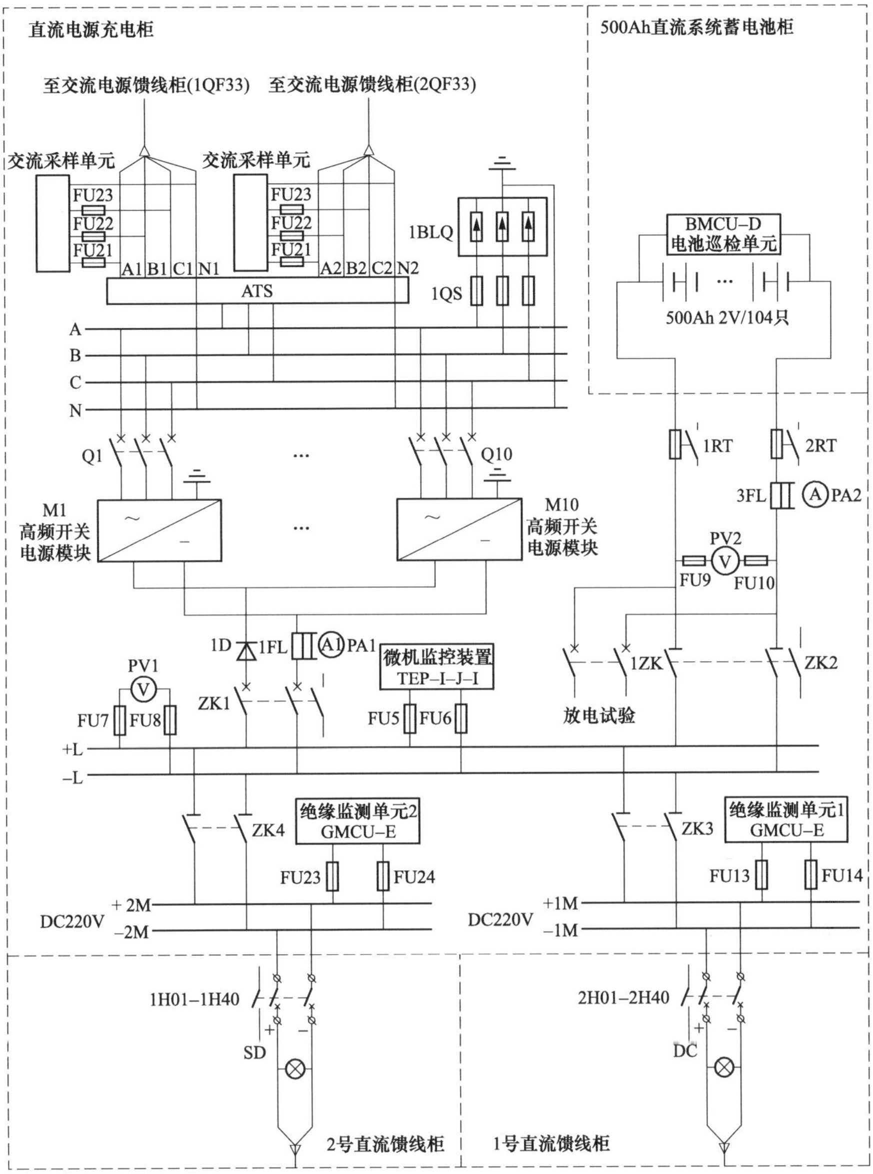

图 15-17 一体化直流系统接线图

15.2.2.6 为防止装置家族性缺陷可能导致的双重化配置的两套继电保护装置同时拒动的问题，双重化配置的线路、变压器、母线、高压电抗器等保护装置应采用不同生产厂家的产品。

110kV 变电站仅主变压器保护双重化配置，原理相同，厂家不同。

15.2.5 当变压器、电抗器的非电量保护采用就地跳闸方式时，应向监控系统发送动作信号。未采用就地跳闸方式的非电量保护应设置独立的电源回路（包括直流空气开关及其直流电源监视回路）和出口跳闸回路，且必须与电气量保护完全分开。220kV 及以上电压等级变压器、电抗器的非电量保护应同时作用于断路器的两个跳闸线圈。

变电站内非电量保护跳闸直接采用电缆与变压器本体跳闸回路连接，同时向监控系统发送动作信号。

如图 15-18 所示为主变压器非电量开入及出口原理图，如图 15-19 所示为主变压器非电量保护装置遥信及其端子排图。

15.2.6 变压器的高压侧宜设置长延时的后备保护。在保护不失配的前提下，尽量缩短变压器后备保护的整定时间。

变压器保护采用国家电网有限公司"九统一"装置，后备保护具备长延时功能，整定时间由地调确定。

15.2.9 110(66)kV 及以上电压等级的母联、分段断路器应按断路器配置专用的、具备瞬时和延时跳闸功能的过电流保护装置。

母联、分段断路器在系统运行中往往要承担给母线充电的任务，变电站配置有独立的母联、分段保护装置，具备瞬时和延时跳闸功能。

15.2.11 防跳继电器动作时间应与断路器动作时间配合，断路器三相位置不一致保护的动作时间应与相关保护、重合闸时间相配合。

110kV 变电站内断路器防跳均采用机构防跳，而防跳继电器处于断路器机构内，因此，在设计阶段与厂家沟通，要求断路器机械特性试验合格后，进行断路器辅助触点转换时间测试，并根据此校核断路器防跳继电器的动作时间是否满足配合要求。

15.6 二次回路应注意的问题

15.6.1 严格执行有关规程、规定及反事故措施，防止二次寄生回路的形成。

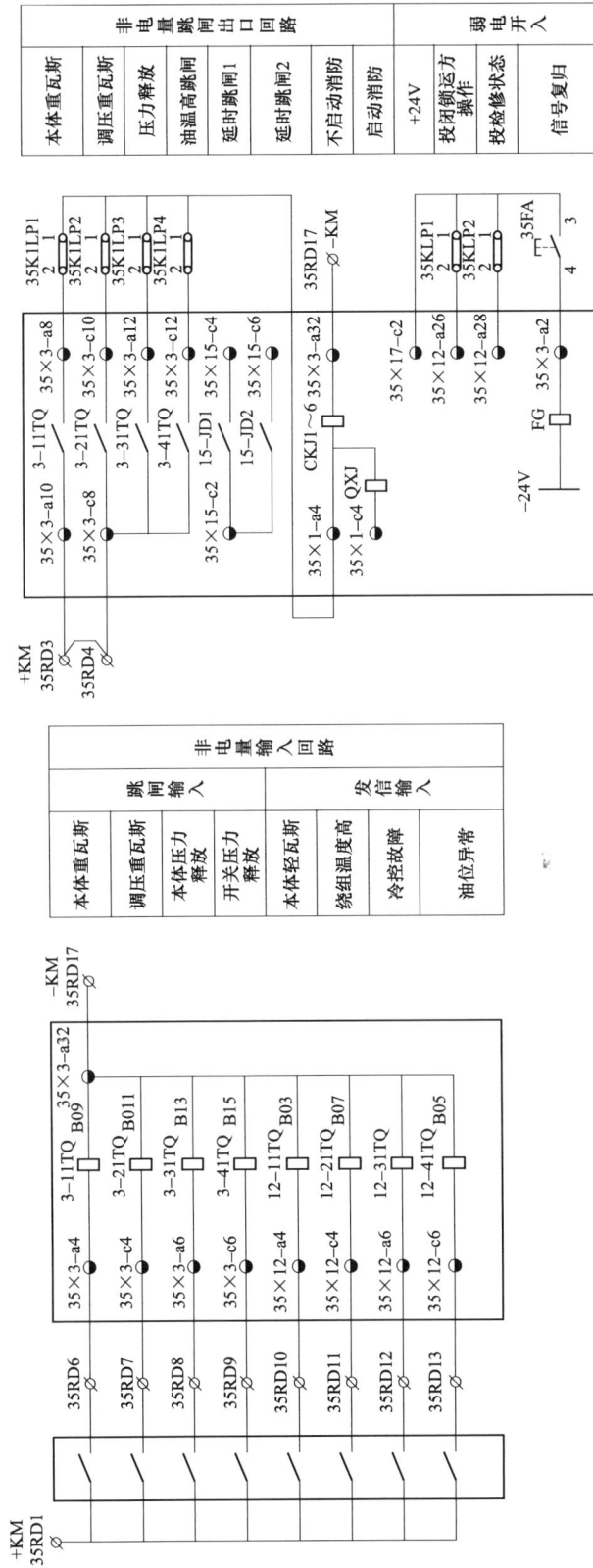

图 15-18 主变压器非电量开入及出口原理图

141

ZR-KVVP2-22/0.75KV-10×2.5

去主变压器本体端子箱

非电量开入端子 +KM	35DK-2	35RD		
	35×17-a20	1		B01
	35×3-a10	2		
		3		
	35×3-c8	4		
		5		
本体重瓦斯	35×3-a4	6		B09
调压重瓦斯	35×3-c4	7		B11
压力释放	35×3-a6	8		B13
开关释放	35×3-c6	9		B15
本体轻瓦斯	35×12-a4	10		B03
绕组温度高	35×12-c4	11		B07
冷控故障	35×12-a6	12		B05
油位异常	35×12-c6	13		
		14		
		15		
-KM	35DK-4	16		
	35×3-a32	17		35×17-a26
		18		
		19		
		20		
		21		
		22		
		23		

中央信号:
本体重瓦斯、调压重瓦斯、压力释放、油温高跳闸、本体轻瓦斯、绕组温度高、冷控故障、油位异常、单延时1延时跳闸、单延时2延时跳闸、装置异常告警、直流消失

35×D5、35×D6、35×D7、35×D8、35×D9、35×D10、35×D11、35×D12、35×D13、35×D14、937

3-12×J、3-22×J、3-32×J、3-42×J、12-12×J、12-22×J、12-32×J、12-42×J、15-J×1、15-J×2、15-J×14、GJJ

35×3-c26、35×3-c28、35×3-c30、35×3-c32、35×12-c26、35×12-c28、35×12-c30、35×12-c32、35×15-a4、35×15-a6、35×15-a32、35×17-a16

35×3-c24、35×12-c24、35×15-a2、35×15-c32、35×17-c16

1-4D9、35×D1、2-1×D1、501、35×D2、35×D2

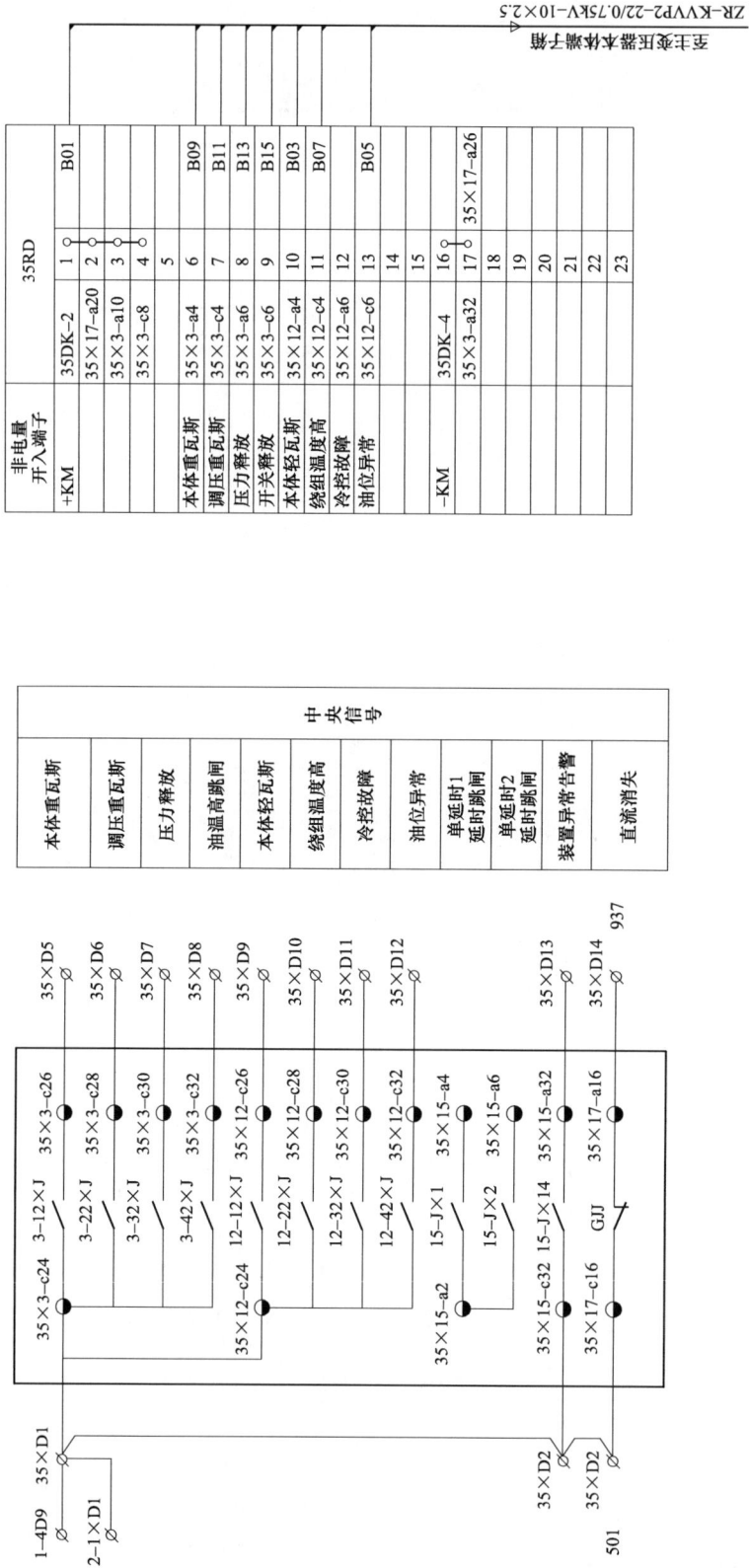

图 15-19 主变压器非电量保护装置遥信及其端子排图

存在寄生的回路之间互为寄生源，即存在寄生的回路中，当其中一路断电时，其他相关回路会窜电给断电回路，已断电的回路会存在异常电位；寄生现象存在隐蔽性，由于寄生是运行回路之间发生的窜电，正常运行中无法通过直观的数据或指标来发现，只能结合回路定检查找确认。

新建、技改工程施工过程中发生误接线，导致不同回路之间发生寄生；继电器或断路器、隔离开关等一次设备的辅助触点由于受潮、发霉、损坏等，导致接于不同触点上的回路之间发生寄生，尤其是SF_6密度继电器，常由于SF_6密度继电器信号接点（信号电源）与SF_6密度继电器闭锁接点（操作电源）之间绝缘降低，导致信号回路与操作回路之间存在寄生；二次寄生回路不仅使电气设备处于不正常状态运行，提供错误信息，给正常运行操作和故障处理带来困难，而且会令电气设备拒动或误动，导致各种故障的发生。

如图 15-20、图 15-21 所示分别为产生寄生回路及消除产生寄生回路接线图。

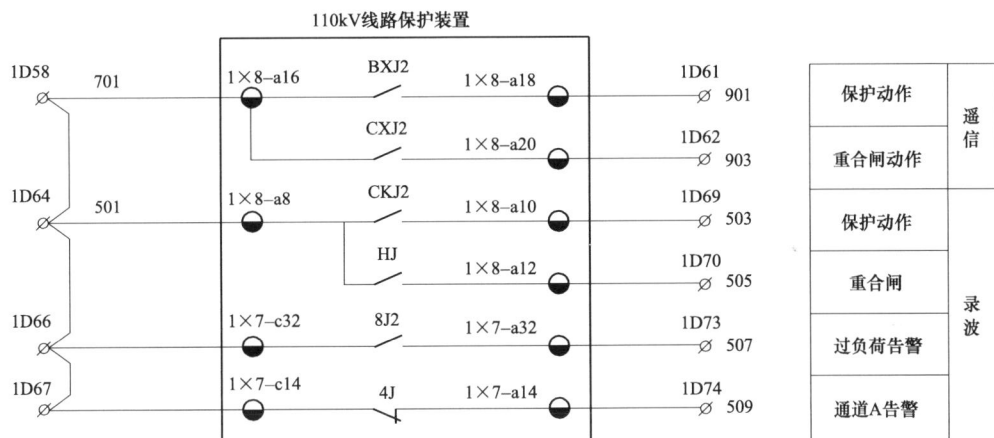

图 15-20　产生寄生回路接线图

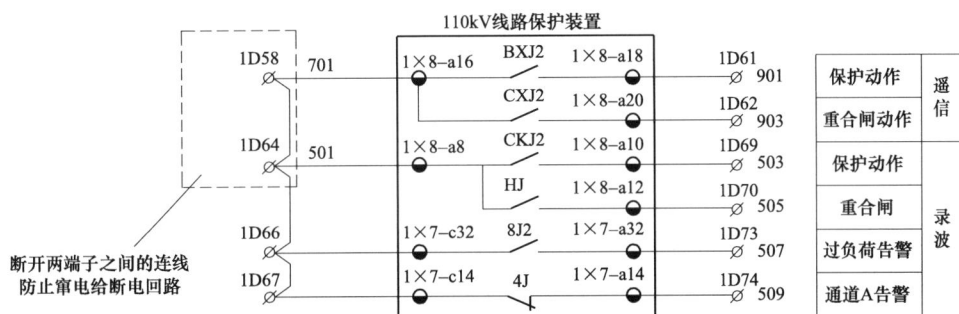

图 15-21　消除产生寄生回路接线图

15.6.2 为提高继电保护装置的抗干扰能力,应采取以下措施:

15.6.2.1 在保护室屏柜下层的电缆室（或电缆沟道）内,沿屏柜布置的方向逐排敷设截面积不小于 100mm² 的铜排（缆）,将铜排（缆）的首端、末端分别连接,形成保护室内的等电位地网。该等电位地网应与变电站主地网一点相连,连接点设置在保护室的电缆沟道入口处。为保证连接可靠,等电位地网与主地网的连接应使用 4 根及以上,每根截面积不小于 50mm² 的铜排（缆）。

15.6.2.2 分散布置保护小室（含集装箱式保护小室）的变电站,每个小室均应参照 15.6.2.1 要求设置与主地网一点相连的等电位地网。小室之间若存在相互连接的二次电缆,则小室的等电位地网之间应使用截面积不小于 100mm² 的铜排（缆）可靠连接,连接点应设在小室等电位地网与变电站主接地网连接处。保护小室等电位地网与控制室、通信室等的地网之间亦应按上述要求进行连接。

15.6.2.3 微机保护和控制装置的屏柜下部应设有截面积不小于 100mm² 的铜排（不要求与保护屏绝缘）,屏柜内所有装置、电缆屏蔽层、屏柜门体的接地端应用截面积不小于 4mm² 的多股铜线与其相连,铜排应用截面不小于 50mm² 的铜缆接至保护室内的等电位接地网。

15.6.2.4 直流电源系统绝缘监测装置的平衡桥和检测桥的接地端以及微机型继电保护装置柜屏内的交流供电电源（照明、打印机和调制解调器）的中性线（零线）不应接入保护专用的等电位接地网。

15.6.2.5 微机型继电保护装置之间、保护装置至开关场就地端子箱之间以及保护屏至监控设备之间所有二次回路的电缆均应使用屏蔽电缆,电缆的屏蔽层两端接地,严禁使用电缆内的备用芯线替代屏蔽层接地。

15.6.2.6 为防止地网中的大电流流经电缆屏蔽层,应在开关场二次电缆沟道内沿二次电缆敷设截面积不小于 100mm² 的专用铜排（缆）;专用铜排（缆）的一端在开关场的每个就地端子箱处与主地网相连,另一端在保护室的电缆沟道入口处与主地网相连,铜排不要求与电缆支架绝缘。

15.6.2.7 接有二次电缆的开关场就地端子箱内（汇控柜、智能控制柜）应设有铜排（不要求与端子箱外壳绝缘）,二次电缆屏蔽层、保护装置及辅助装置接地端子、屏柜本体通过铜排接地。铜排截面积应不小于 100mm²,一般设置在端子箱下部,通过截面积不小于 100mm² 的铜缆与电缆沟内不小于的 100mm² 的专用铜排（缆）及变电站主地网相连。

15.6.2.1～15.6.2.7 条文是为提高继电保护装置抗干扰能力应采取的相关接地措施。

目前变电站站内设置独立的二次接地网，做法如下：

（1）在继电器室按屏柜布置方向敷设 100mm² 的专用铜排，将该铜排首末端连接，形成继电器室内的等电位接地网。将该等电位接地网用至少 4 根 50mm² 铜缆可靠连接至变电站主接地网。继电器室内保护控制屏柜下部的接地铜排应用 50mm² 铜缆与等电位接地网相连。

（2）继电器室与 110kV 配电装置、10kV 配电室、开关场之间，沿二次电缆沟敷设不小于 100mm² 接地裸铜排（缆），构成等电位接地网。配电室汇控柜或开关柜内的二次接地铜排用不小于 100mm² 铜导线与等电位接地网相连。

（3）从二次设备室内接地铜排通过 4 根截面不小于 50mm² 的铜缆在主控楼电缆竖井处与主接地网可靠焊接。

（4）直流电源系统绝缘监测装置的平衡桥和检测桥的接地端以及微机型继电保护装置柜屏内的交流供电电源的中性线（零线）先接入柜体内接地铜排后再与一次接地网搭接。

如图 15-22 所示为二次屏蔽接地网示意图。

15.6.2.8 由一次设备（如变压器、断路器、隔离开关和电流、电压互感器等）直接引出的二次电缆的屏蔽层应使用截面不小于 4mm² 多股铜质软导线仅在就地端子箱处一点接地，在一次设备的接线盒（箱）处不接地，二次电缆经金属管从一次设备的接线盒（箱）引至电缆沟，并将金属管的上端与一次设备的底座或金属外壳良好焊接，金属管另一端应在距一次设备 3～5m 之外与主接地网焊接。

相关图册说明中要求施工单位按照最新版标准工艺执行。

15.6.2.9 由纵联保护用高频结合滤波器至电缆主沟施放一根截面不小于 50mm² 的分支铜导线，该铜导线在电缆沟的一侧焊至沿电缆沟敷设的截面积不小于 100mm² 专用铜排（缆）上；另一侧在距耦合电容器接地点 3～5m 处与变电站主地网连通，接地后将延伸至保护用结合滤波器处。

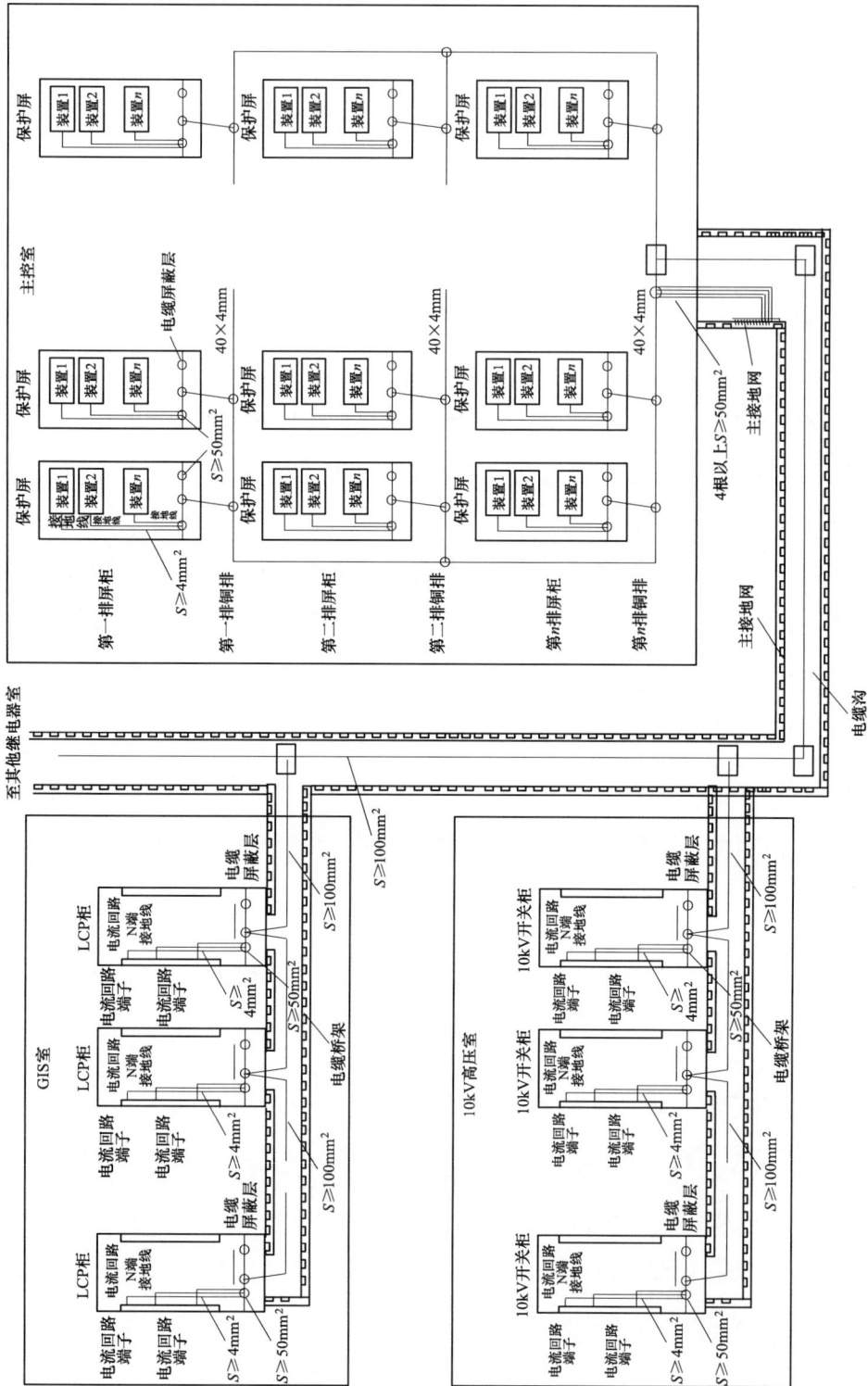

图 15-22 二次屏蔽接地网示意图

15.6.2.10 结合滤波器中与高频电缆相连的变送器的一、二次线圈间应无直接连线，一次线圈接地端与结合滤波器外壳及主地网直接相连；二次线圈与高频电缆屏蔽层在变送器端子处相连后用不小于 $10mm^2$ 的绝缘导线引出结合滤波器，再与上述与主沟截面积不小于 $100mm^2$ 的专用铜排（缆）焊接的 $50mm^2$ 分支铜导线相连；变送器二次线圈、高频电缆屏蔽层以及 $50mm^2$ 分支铜导线在结合滤波器处不接地。

15.6.2.11 当使用复用载波作为纵联保护通道时，结合滤波器至通信室的高频电缆敷设应按 15.6.2.9 和 15.6.2.10 的要求执行。

根据 15.6.2.9～15.6.2.11 条文要求，目前 110kV 变电站纵联保护装置使用专用的光纤通道作为纵联保护通道。工程如使用复用载波作为纵联保护通道时，严格按条文执行。

15.6.2.12 保护室与通信室之间信号优先采用光缆传输。若使用电缆，应采用双绞双屏蔽电缆，其中内屏蔽在信号接收侧单端接地，外屏蔽在电缆两端接地。

110kV 变电站保护装置与通信设备之间采用光缆连接。

15.6.2.13 应沿线路纵联保护光电转换设备至光通信设备光电转换接口装置之间的 2M 同轴电缆敷设截面积不小于 $100mm^2$ 铜电缆。该铜电缆两端分别接至光电转换接口柜和光通信设备（数字配线架）的接地铜排。该接地铜排应与 2M 同轴电缆的屏蔽层可靠相连。为保证光电转换设备和光通信设备（数字配线架）的接地电位的一致性，光电转换接口柜和光通信设备的接地铜排应同点与主地网相连。重点检查 2M 同轴电缆接地是否良好，防止电网故障时由于屏蔽层接触不良影响保护通信信号。

光电转换设备至光通信设备光电转换接口装置之间的 2M 同轴电缆选用截面积为 $120mm^2$ 铜电缆，并可靠接地。

15.6.2.14 为取得必要的抗干扰效果，可在敷设电缆时使用金属电缆托盘（架），将各段电缆托盘（架）与接地网紧密连接，并将不同用途的电缆分类、分层敷设在金属电缆托盘（架）中。

控制电缆、低压电力电缆、光缆均分层敷设于金属电缆托盘（架）中，并通过 50mm² 铜缆将金属电缆托盘（架）与主接地网连接。

15.6.3 二次回路电缆敷设应符合以下要求：

15.6.3.1 合理规划二次电缆的路径，尽可能离开高压母线、避雷器和避雷针的接地点，并联电容器、电容式电压互感器、结合电容及电容式套管等设备；避免或减少迂回以缩短二次电缆的长度；拆除与运行设备无关的电缆。

二次电缆沟（夹层）均远离高压母线、避雷器和避雷针的接地点；同时远离并联电容器、电容式电压互感器、结合电容及电容式套管等设备；合理优化二次电缆敷设路径，缩短电缆长度；与运行设备无关的电缆投运时均全部拆除。

15.6.3.2 交流电流和交流电压回路、不同交流电压回路、交流和直流回路、强电和弱电回路、来自电压互感器二次的 4 根引入线和电压互感器开口三角绕组的两根引入线均应使用各自独立的电缆。

交流电流、交流电压采用独立的电缆，电压互感器保护级电压（4 根引入线）、测量级电压及开口三角电压采用独立的电缆。

如图 15-23 所示为电压采用回路接线示意图。

15.6.3.3 保护装置的跳闸回路和启动失灵回路均应使用各自独立的电缆。

保护装置的跳闸回路和启动失灵回路均使用各自独立的电缆。

如图 15-24、图 15-25 所示分别为保护跳闸、启动失灵电缆接线图。

15.6.4 重视继电保护二次回路的接地问题，并定期检查这些接地点的可靠性和有效性。继电保护二次回路接地应满足以下要求：

15.6.4.1 电流互感器或电压互感器的二次回路，均必须且只能有一个接地点。当两个及以上电流（电压）互感器二次回路间有直接电气联系时，其二次回路接地点设置应符合以下要求：

（1）便于运行中的检修维护。

（2）互感器或保护设备的故障、异常、停运、检修、更换等均不得造成运行中的互感器二次回路失去接地。

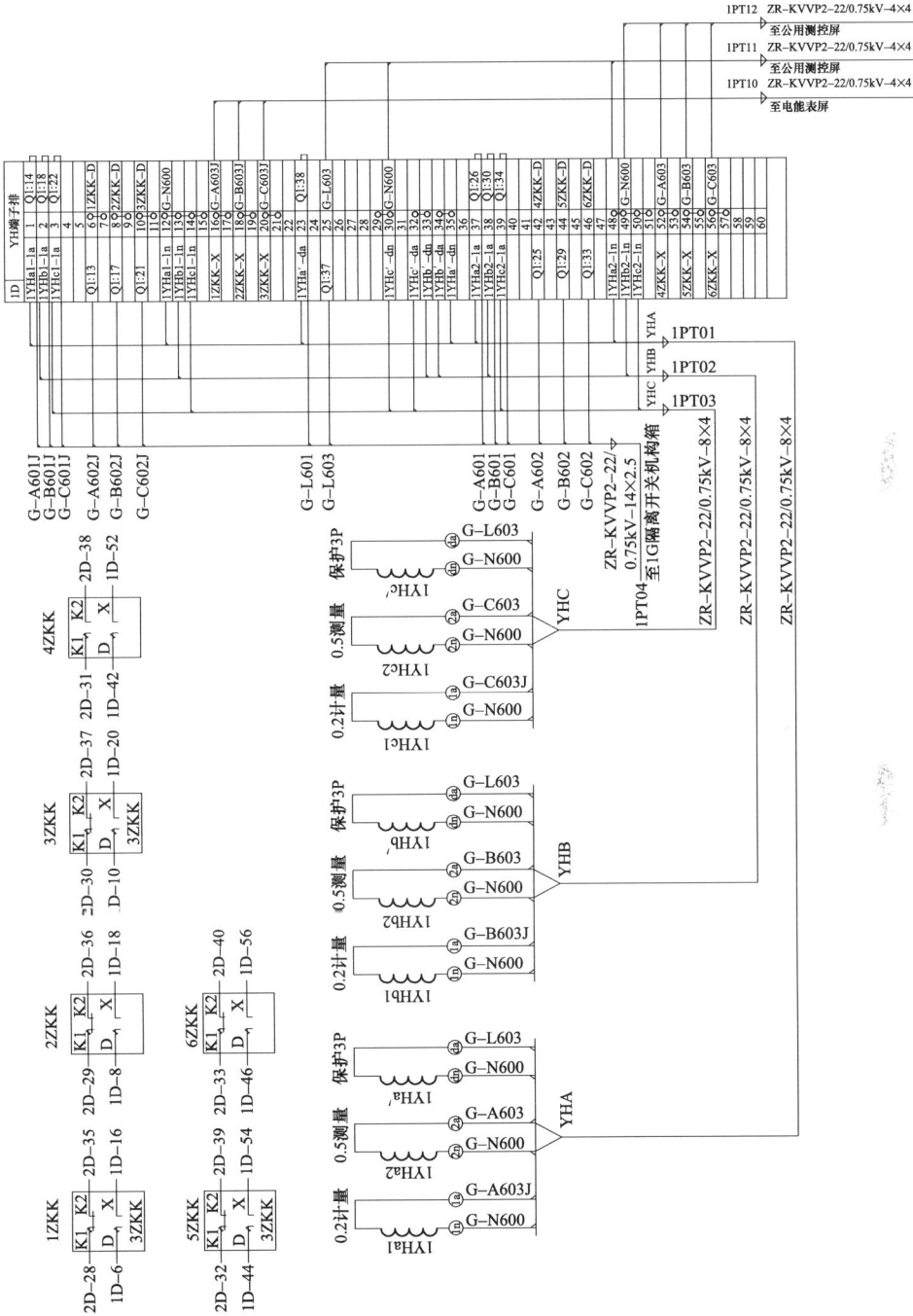

图 15-23 电压采用回路接线示意图

操作回路	4QD		
+KM	−4K:4	1	101
	−1n:9:c32	2	−1CD:2 101
		3	−21CD:1
	−1n:9:c14	4	MC101
		5	
		6	
保护跳闸	−1n:9:c30	7	
	−1KD:1	8	
永跳	−1n:9:c28	9	MC133
		10	
		11	
手跳	−1n:9:c24	12	−21CD:18
		13	
		14	
手合	−1n:9:c22	15	
		16	−21CD:15
重合闸	−1KD:3	17	
		18	
		19	
绿灯	−1n:9:a8	20	−21CD:11
红灯	−1n:9:a6	21	−21CD:12
		22	
压力降低闭锁重合闸	−1n:9:c6	23	
		24	
−KM	−4K:2	25	−1n:9:c4
位置信号	−1n:9:a4	26	102
	−1n:9:c12	27	

至110kV母线保护柜 ZR-kVVP2-22/0.75kV-4×2.5

图 15-24　保护跳闸电缆接线图

出口正端	1CD		
跳合闸公共端	−1n:8:c2	1	
	−4QD:2	2	
		3	
启动失灵+	−1n:8:c8	4	1LSL01
		5	
远传1开出1+	−1n:7:c10	6	
		7	
远传2开出1+	−1n:7:c6	8	
		9	
		10	
解除复压闭锁+	−1n:8:c24	11	1LJS01
保护跳闸4+	−1n:8:c26	12	
出口负端	1KD		
保护跳闸−	−1CLP1:1	1	−4QD:8
		2	
重合闸−	−1CLP2:1	3	−4QD:17
		4	
启动失灵−	−1SLP1:1	5	1LSL03
		6	
远传1开出1−	−1ZLP1:1	7	
		8	
远传2开出1−	−1ZLP2:1	9	
		10	
解除复压闭锁−	−1CLP3:1	11	1LJS03
保护跳闸4−	−1CLP4:1	12	

至110kV母线保护柜 ZR-kVVP2-22/0.75kV-7×2.5

图 15-25　启动失灵电缆接线图

15.6.4.2　未在开关场接地的电压互感器二次回路，宜在电压互感器端子箱处将每组二次回路中性点分别经放电间隙或氧化锌阀片接地，其击穿电压峰值应大于 $30I_{max}$ V（I_{max} 为电网接地故障时通过变电站的可能最大接地电流有效值，单位为 kA）。应定期检查放电间隙或氧化锌阀片，防止造成电压二次回路出现多点接地。为保证接地可靠，各电压互感器的中性线不得接有可能断开的断路器或熔断器等。

对于智能变电站，电压互感器接地位置为：110kV 母线电压互感器在 110kV Ⅰ

段母线 GIS 母线间隔汇控柜一点接地，110kV 各出线间隔电压互感器在就地汇控柜一点接地；10kV 电压等级在 10kV 配电装置室的 10kV 2 号隔离柜一点接地。

对于常规变电站，110kV 电压互感器、10kV 电压互感器在主控室内公用测控屏内一点接地。

如图 15-26 所示为智能变电站电压互感器接地位置示意图，如图 15-27 所示为常规变电站电压互感器接地位置示意图。

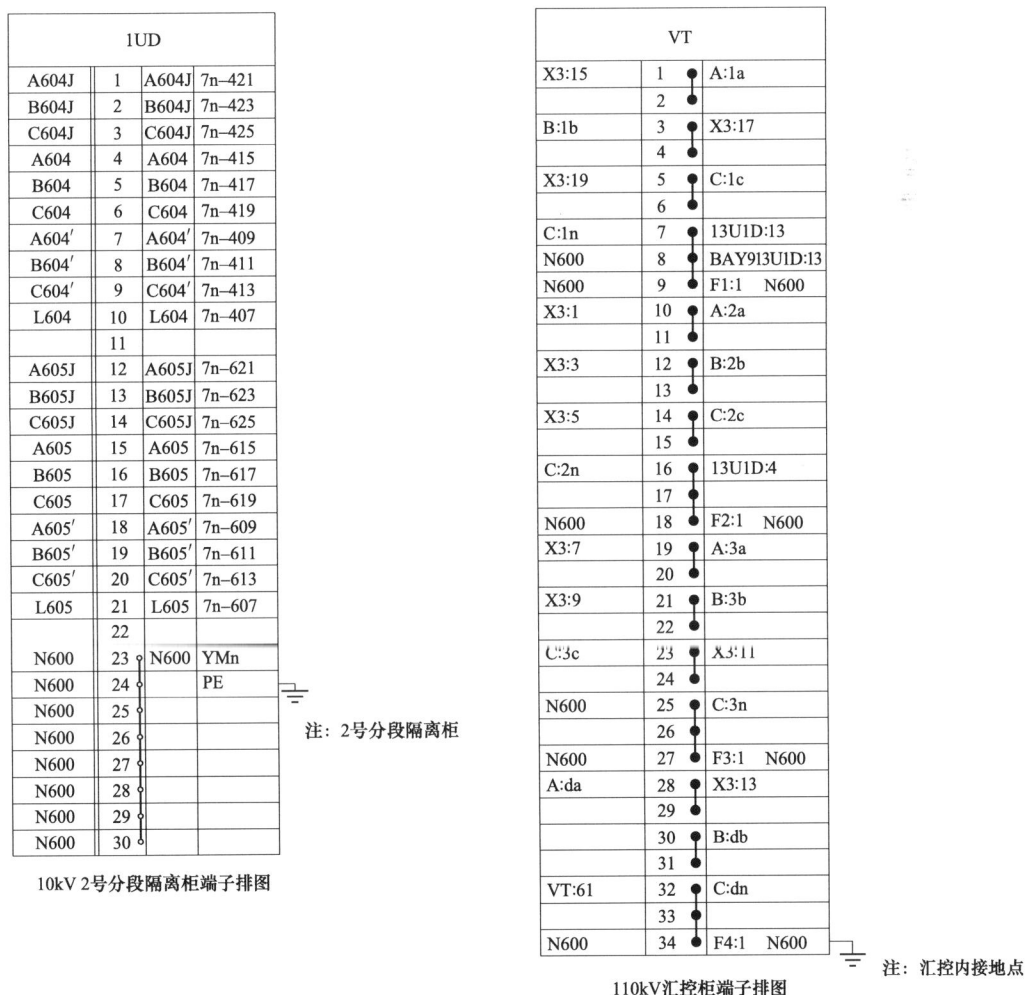

1UD			
A604J	1	A604J	7n–421
B604J	2	B604J	7n–423
C604J	3	C604J	7n–425
A604	4	A604	7n–415
B604	5	B604	7n–417
C604	6	C604	7n–419
A604'	7	A604'	7n–409
B604'	8	B604'	7n–411
C604'	9	C604'	7n–413
L604	10	L604	7n–407
	11		
A605J	12	A605J	7n–621
B605J	13	B605J	7n–623
C605J	14	C605J	7n–625
A605	15	A605	7n–615
B605	16	B605	7n–617
C605	17	C605	7n–619
A605'	18	A605'	7n–609
B605'	19	B605'	7n–611
C605'	20	C605'	7n–613
L605	21	L605	7n–607
	22		
N600	23	N600	YMn
N600	24		PE
N600	25		
N600	26		
N600	27		
N600	28		
N600	29		
N600	30		

注：2号分段隔离柜

10kV 2号分段隔离柜端子排图

VT		
X3:15	1	A:1a
	2	
B:1b	3	X3:17
	4	
X3:19	5	C:1c
	6	
C:1n	7	13U1D:13
N600	8	BAY913U1D:13
N600	9	F1:1　N600
X3:1	10	A:2a
	11	
X3:3	12	B:2b
	13	
X3:5	14	C:2c
	15	
C:2n	16	13U1D:4
	17	
N600	18	F2:1　N600
X3:7	19	A:3a
	20	
X3:9	21	B:3b
	22	
C:3c	23	X3:11
	24	
N600	25	C:3n
	26	
N600	27	F3:1　N600
A:da	28	X3:13
	29	
	30	B:db
	31	
VT:61	32	C:dn
	33	
N600	34	F4:1　N600

注：汇控内接地点

110kV汇控柜端子排图

图 15-26　智能变电站电压互感器接地位置示意图

2-32-1D			遥测
D-A630	1	2-32ZKK1-1	U1A
D-A630	1		
D-B630	2	2-32ZKK1-3	U1B
D-B630	2		
D-C630	3	2-32ZKK1-5	U1C
D-C630	3		
D-A640	4	2-32ZKK2-1	U2A
D-A640	4		
D-B640	5	2-32ZKK2-3	U2B
D-B640	5		
D-C640	6	2-32ZKK2-5	U2C
D-C640	6		
D-L630	7	2-32X1-a6	U3
D-L630	7		
D-L640	8	2-32X1-a5	U4
D-L640	8		
N600	9	2-32X1-b10	U1N
N600	10	2-32X1-b8	U2N
1-32-3D12	11	2-32X1-b6	U3N
2-32-2D11	12	2-32X1-b5	U4N

注：N在公用测控屏一点接地

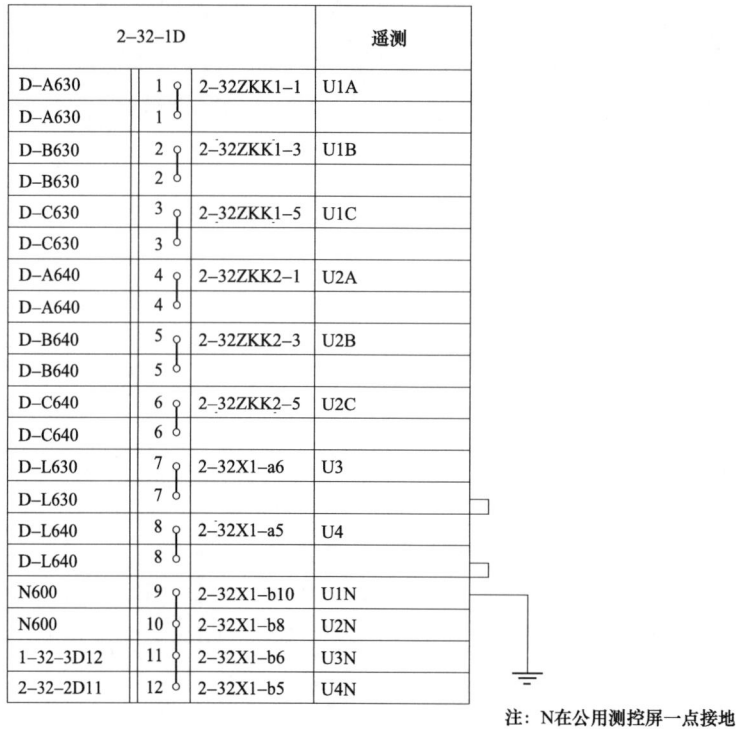

图 15-27　常规变电站电压互感器接地位置示意图

15.6.4.3　独立的、与其他互感器二次回路没有电气联系的电流互感器二次回路可在开关场一点接地，但应考虑将开关场不同点地电位引至同一保护柜时对二次回路绝缘的影响。

110kV 变电站内独立的、与其他互感器二次回路没有电气联系的电流互感器二次回路可在开关场一点接地，当两组及以上电流互感器接入同一面保护屏时，电缆及端子的选型按发生接地故障时产生的最大压差 $30I_{max}$（V）考虑绝缘要求。

15.6.4.4　严禁在保护装置电流回路中并联接入过电压保护器，防止过电压保护器不可靠动作引起差动保护误动作。

设计时依照条文要求执行。

15.6.9　控制系统与继电保护的直流电源配置应满足以下要求：

15.6.9.1　对于按近后备原则双重化配置的保护装置，每套保护装置应由不同的电源供电，并分别设有专用的直流空气开关。

110kV变电站内主变压器保护为双套配置，并安装于主变压器保护屏内，在屏内两套保护设置独立的电源空气开关，并经电缆引入不同的直流电源馈线空气开关。

如图15-28所示为主变压器保护屏直流电源原理接线图。

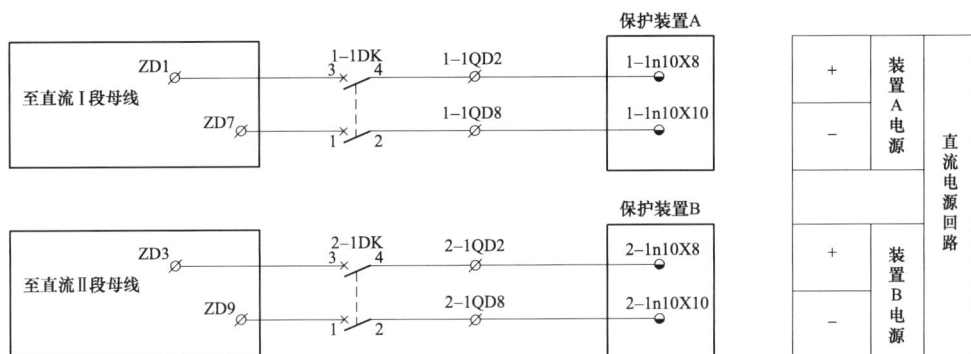

图15-28　主变压器保护屏直流电源原理接线图

15.6.9.2 母线保护、变压器差动保护、发电机差动保护、各种双断路器接线方式的线路保护等保护装置与每一断路器的控制回路应分别由专用的直流空气开关供电。

110kV主变压器保护装置、110kV线路保护装置、110kV分段保护装置、110kV母线保护装、10kV保护测控装置的装置电源和断路器的控制回路分别由专用的直流空气开关供电。

如图15-29所示为保护装置的装置电源和控制电源回路原理接线图。

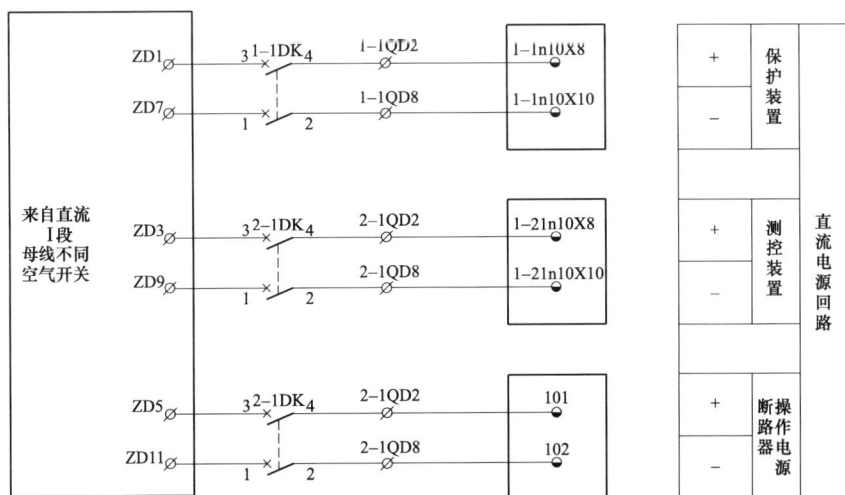

图15-29　保护装置的装置电源和控制电源回路原理接线图

15.6.9.3　有两组跳闸线圈的断路器，其每一跳闸回路应分别由专用的直流空气开关供电，且跳闸回路控制电源应与对应保护装置电源取自同一直流母线段。

110kV 变电站内主变压器断路器为双跳闸线圈，主变压器保护 A 通过第一组线圈跳闸，电源均取自 Ⅰ 段母线直流电源；主变压器保护 B 通过第二组线圈跳闸，电源均取自 Ⅱ 段母线直流电源。

15.6.10　继电保护使用直流系统在运行中的最低电压不低于额定电压的 85%，最高电压不高于额定电压的 110%。

根据 DL/T 5044—2014《电力工程直流电源系统设计技术规程》规定，直流母线电压允许范围为 ±10%。110kV 变电站直流系统电压为 220V，变化范围 225～235V。

15.7　智能站保护应注意的问题

15.7.1　智能变电站规划设计时，应注意如下事项：

15.7.1.1　智能变电站的保护设计应坚持继电保护"四性"，遵循"直接采样、直接跳闸""独立分散""就地化布置"原则，应避免合并单元、智能终端、交换机等任一设备故障时，同时失去多套主保护。

根据 Q/GDW 441—2010《智能变电站继电保护技术规范》要求：110kV 智能变电站保护采用"直采直跳"方式，110kV 侧保护采用双 A/D，测量采用单 A/D；主变压器电量保护跳闸均采用光纤直接采样直接跳闸，非电量保护采用就地电缆直接跳闸，信息通过本体智能终端上送过程层 GOOSE 网。

110kV 新建的智能变电站采用 110kV 保护、测控独立装置，除主变压器保护、测控组屏安装于主控室，其余均就地布置于汇控柜内。

15.7.1.2　有扩建需要的智能变电站，在初期设计、施工、验收工作中，交换机、网络报文分析仪、故障录波器、母线保护、公用测控装置、电压合并单元等公用设备需要为扩建设备预留相关接口及通道，避免扩建时公用设备改造增加运行设备风险。

新建的智能变电站（规模：主变压器 3 台；110kV 单母线接线，进出线 4 回；

10kV 单母三分段接线，出线 36 回），配置如下：

站控层Ⅰ区配置 2 台交换机（24 个百兆电口、4 个千兆光口）、Ⅱ区配置 2 台（24 个百兆电口、4 个千兆光口）；过程层（中心）交换机配置 6 台（16 个百兆光口、4 个千兆光口）；间隔层交换机根据母线数量配置，每段母线配置 1 台（24 个百兆电口、4 个千兆光口），配置 3 台。

新建的智能变电站配置 1 台网络报文分析仪，常规每台装置有 5 个百兆光口，每口能采集 5 个合并单元；2 个千兆光口，每口能采集 20 个合并单元。

新建的智能变电站配置 1 台故障录波器，常规每台装置有 8 个百兆光口，2 个千兆光口。

新建的智能变电站配置公用测控装置配置 2 台。根据陕西省电力公司陕电设备〔2020〕42 号文件《新建变电站增配一键顺控功能》中的相关规定，西安新建 110kV 变电站均执行此项要求，公用测控的开入点冗余量少。

15.7.1.4 保护装置不应依赖外部对时系统实现其保护功能，避免对时系统或网络故障导致同时失去多套保护。

变电站配置的保护装置具有独立的时钟功能，当外部对时系统异常时，保护装置时钟功能仍能正常工作。

15.7.1.6 当双重化配置的保护装置组在一面保护屏（柜）内，保护装置退出、消缺或试验时，应做好防护措施。同一屏内的不同保护装置不应共用光缆、尾缆，其所用光缆不应接入同一组光纤配线架，防止一台装置检修时造成另一台装置陪停。为保证设备散热良好、运维便利，同一屏内的设备纵向布置要留有充足距离。

主变压器保护屏内两套主变压器保护装置不应共用光缆、尾缆，其所用光缆不应接入同一组光纤配线架，防止一台装置检修时造成另一台装置陪停。

如图 15-30、图 15-31 所示分别为主变压器 A、B 套保护光纤配置架。

15.7.1.7 交换机 VLAN 划分应遵循"简单适用，统一兼顾"的原则，既要满足新建站设备运行要求，防止由于交换机配置失误引起保护装置拒动，又要兼顾远景扩建需求，防止新设备接入时多台交换机修改配置所导致的大规模设备陪停。

新建变电站交换机按远期规模预留接口，VLAN 划分考虑远期扩建需求。

免熔接光纤配线箱ODF1-1S配线表

免熔接光纤配线				柜内设备配线		
航空插头序号	光纤序号	LC端口号	尾纤编号	装置名称/尾缆编号	装置插件/端口号	备注
1S	1	I1		1B-WL113A		1号主变压器110kV侧合智一体装置1对时
	2	I2				备用芯
	3	I3		过程层交换机(41n)	9RX	1号主变压器110kV侧合智一体装置1组网
	4	I4		过程层交换机(41n)	9TX	
	5	I5		1号主变压器保护装置1(1n)	B07插件: RX4	1号主变压器保护1 SV点对点直采
	6	I6				备用芯
	7	I7		1号主变压器保护装置1(1n)	B07插件: RX3	1号主变压器保护1 GOOSE点对点直跳
	8	I8		1号主变压器保护装置1(1n)	B07插件: TX3	
	9	I9				备用芯
	10	I10				
	11	I11				
	12	I12				

至1号主变压器110kV侧GIS汇控柜 十二芯带保护层非金属铠装双端阻燃LC-LC预制光缆 12 1B-G121A

1B-WL113A 八芯LC-ST多模铠装阻燃尾缆 至时钟同步柜

图 15-30 主变压器 A 套保护光纤配线架

免熔接光纤配线箱ODF2-1S配线表

免熔接光纤配线				柜内设备配线		
航空插头序号	光纤序号	LC端口号	尾纤编号	装置名称/尾缆编号	装置插件/端口号	备注
1S	1	I1		1B-WL113B		1号主变压器110kV侧合智一体装置2对时
	2	I2				备用芯
	3	I3		过程层交换机(41n)	10RX	1号主变压器110kV侧合智一体装置2组网
	4	I4		过程层交换机(41n)	10TX	
	5	I5		1号主变压器保护装置2(2n)	B07插件: RX4	1号主变压器保护2 SV点对点直采
	6	I6				备用芯
	7	I7		1号主变压器保护装置2(2n)	B07插件: RX3	1号主变压器保护2 GOOSE点对点直跳
	8	I8		1号主变压器保护装置2(2n)	B07插件: TX3	1号主变压器电能表集中采集
	9	I9		1B-WL112		
	10	I10				备用芯
	11	I11				
	12	I12				

至1号主变压器110kV侧GIS汇控柜 十二芯带保护层非金属铠装双端阻燃LC-LC预制光缆 12 1B-G121B

1B-WL113B 八芯LC-ST多模铠装阻燃尾缆 至时间同步系统柜

1B-WL112 四芯LC-ST多模铠装阻燃终端尾缆 至主变压器电能表及采集装置柜

图 15-31 主变压器 B 套保护光纤配线架

15.7.2 选型采购时，应注意如下事项：

15.7.2.1 为保证智能变电站二次设备可靠运行、运维高效，合并单元、智能终端、过程层交换机应采用通过国家电网有限公司组织的专业检测的产品，合并单元、智能终端宜选用与对应保护装置同厂家的产品。

变电站继电保护装置均采用国家电网有限公司招标或省公司层面的招标产品，均为技术成熟、性能可靠、质量优良并经国家电网有限公司组织的专业检测合格的产品。

15.7.2.2 智能控制柜应具备温度湿度调节功能，附装空调、加热器或其他控温设备，柜内湿度应保持在90％以下，柜内温度应保持在5℃～55℃之间。

15.7.2.3 就地布置的智能电子设备应具备完善的高温、高湿及电磁兼容等防护措施，防止因运行环境恶劣导致电子设备故障。

根据15.7.2.2、15.7.2.3条文为了满足将柜内湿度保持在90％以下、柜内温度保持在5～55℃之间的要求，当智能控制柜安装于户内时，柜内配置温湿度控制器及加热器，且厂房内配置空调；当智能控制柜安装于户外时，柜内配置温湿度控制器及空调。

如图15-32、图15-33所示分别为户内、户外智能控制柜温湿度调节系统图。

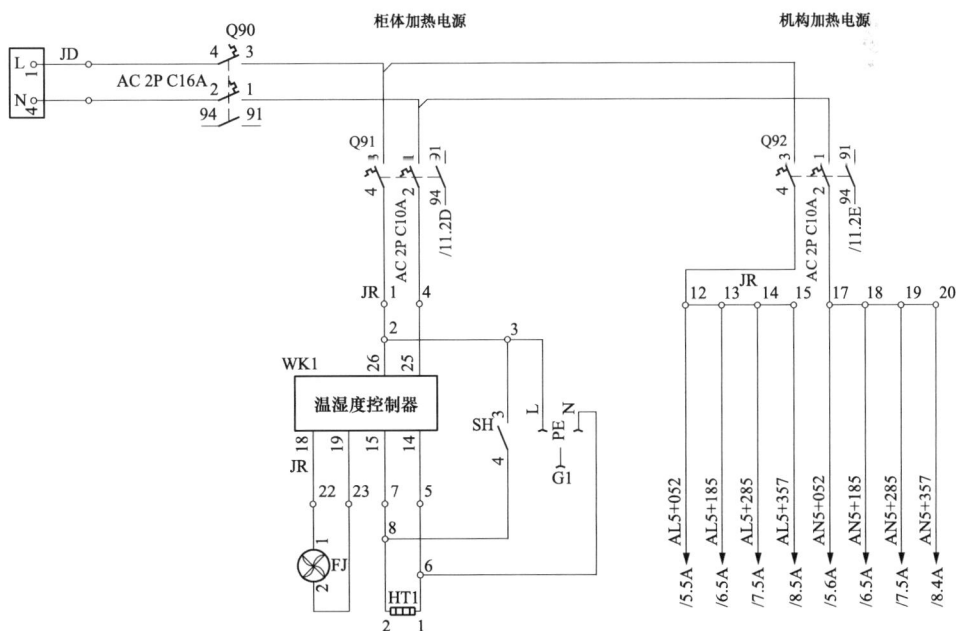

图15-32　户内智能控制柜温湿度调节系统图

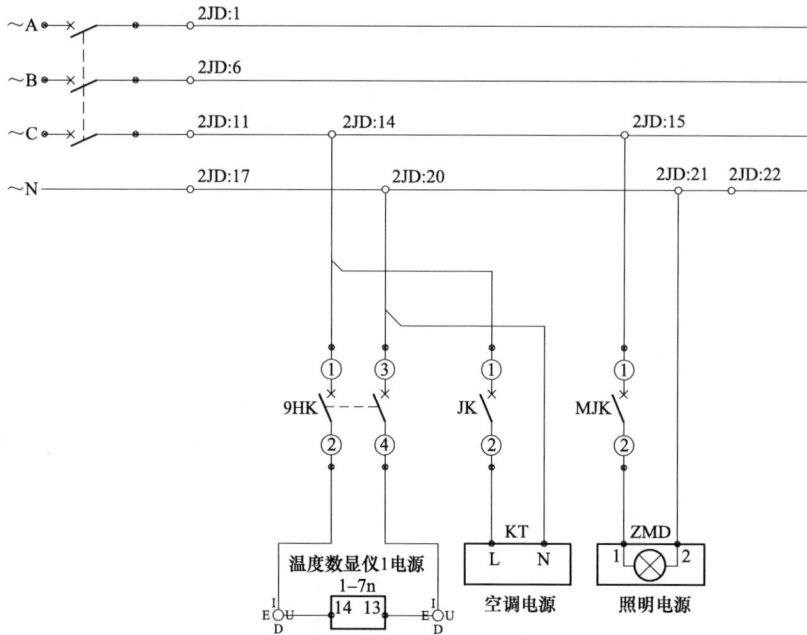

图 15-33　户外智能控制柜温湿度调节系统图

15.7.2.5 故障录波器应选用独立于被监测保护生产厂家设备的产品，以确保保护装置运行状态及家族性缺陷分析数据的客观性。

变电站故障录波器装置与监控系统选用不同厂家设备。

16 防止电网调度自动化系统、电力通信网及信息系统事故

16.3.1 设计阶段

16.3.1.1 电力通信网的网络规划、设计和改造计划应与电网发展相适应，并保持适度超前，突出本质安全要求，统筹业务布局和运行方式优化，充分满足各类业务应用需求，避免生产控制类业务过度集中承载，强化通信网薄弱环节的改造力度，力求网络结构合理、运行灵活、坚强可靠和协调发展。

依据国家电网有限公司关于本质安全、通信业务规划和方式安排方面的原则性进行相关设计。

16.3.1.2 通信设备选型应与现有网络使用的设备类型一致，保持网络完整性。承载 110kV 及以上电压等级输电线路生产控制类业务的光传输设备应支持双电源供电，核心板卡应满足冗余配置要求。220kV 及以上新建输变电工程应同步设计、建设线路本体光缆。

接入现有电力通信网的设备，其选型应与现有网络使用的设备类型一致，并纳入现有设备网管统一监视和管理，保持网络的完整性，充分发挥现代通信网络的智能化水平。目前通信设备需采用双电源供电，即一路由站用一体化电源供电，另一路由蓄电池组供电，保证整站失压情况下通信设备仍能继续运行，重要节点设备板卡需冗余配置满足通信要求，建设外线线路的同时建设光缆线路。

16.3.1.3 电网新建、改（扩）建等工程需对原有通信系统的网络结构、安装位置、设备配置、技术参数进行改变时，工程建设单位应委托设计单位对通信系统进行设计，并征求通信部门的意见，必要时应根据实际情况制订通信系统过渡方案。

新建、改（扩）建等工程对现有环网改变时应对该环网进行整体设计，保持其

完整性，设计完成后需由信通部门对其设计进行审查，如设计过程中遇到通信设备的搬迁、拆旧等，需考虑临时过渡，避免通信网络长时间不通。

> **16.3.1.4** 县公司本部、县级及以上调度大楼、地（市）级及以上电网生产运行单位、220kV 及以上电压等级变电站、省级及以上调度管辖范围内的发电厂（含重要新能源厂站）、通信枢纽站应具备两条及以上完全独立的光缆敷设沟道（竖井）。同一方向的多条光缆或同一传输系统不同方向的多条光缆应避免同路由敷设进入通信机房和主控室。

依据《国家电网公司关于印发〈国家电网公司安全事故调查规程〉信息通信部分修订条款的通知》（国家电网安质〔2016〕1033 号）、《国家电网公司关于印发防止变电站全停十六项措施（试行）的通知》（国家电网运检〔2015〕376 号）、《配电网规划设计技术导则》（Q/GDW 1737—2012），对双沟道站点范围进行明确；同时，增加多条光缆的敷设要求，避免某光传输系统同一方向多条光缆同时中断造成该方向光路全停，或某个传输系统多个方向光缆同时中断造成该系统全停，导致业务中断。

> **16.3.1.5** 国家电网有限公司数据中心、省级及以上调度大楼、部署公司 95598 呼叫平台的直属单位机房应具备 3 条及以上全程不同路由的出局光缆接入骨干通信网。省级备用调度、地（市）级调度大楼应具备两条及以上全程不同路由的出局光缆接入骨干通信网。

一条出局光缆检修或外力破坏导致光缆损坏期间，国家电网有限公司数据中心、省级及以上调度大楼、部署公司 95598 呼叫平台的直属单位机房无法承受单位光缆路由接入骨干通信网运行的风险，应满足出局光缆"N−2"要求，故根据通信站重要程度，明确不同级别调度大楼或中心站通信机房应具备的全程不同路由出局光缆的数量要求。

> **16.3.1.6** 通信光缆或电缆应避免与一次动力电缆同沟（架）布放，并完善防火阻燃和阻火分隔等各项安全措施，绑扎醒目的识别标识；如不具备条件，应采取电缆沟（竖井）内部分隔离等措施进行有效隔离。新建通信站应在设计时与全站电缆沟（架）统一规划，满足以上要求。

避免因一次动力电缆着火导致光缆业务中断，应采取分层分侧布置、穿套阻燃管或槽盒等防火措施。

16.3.1.7 电网调度机构与直调发电厂及重要变电站调度自动化实时业务信息的传输应具有两条不同路由的通信通道（主/备双通道）。

单路由通信通道如遇光缆检修或外力破坏，则会导致业务传输中断，为确保不因通信网发生 N−1 故障造成两路调度自动化信息传送同时失效，重要机房设备需采用双通道路由进行业务传输。

16.3.1.8 同一条 220kV 及以上电压等级线路的两套继电保护通道、同一系统的有主/备关系的两套安全自动装置通道应采用两条完全独立的路由。均采用复用通道的，应由两套独立的通信传输设备分别提供，且传输设备均应由两套电源（含一体化电源）供电，满足"双路由、双设备、双电源"的要求。

DL/T 364—2019《光纤通道传输保护信息通用技术条件》明确规定，220kV 及以上电压等级线路应满足"同线路两套保护的通道应保持独立性，包括电源、设备和路由的独立"。继电保护/安全自动装置通道包括光纤专用芯和复用通道两种方式，"电源"包括"通信电源"和"一体化电源"，以满足"双路由、双设备、双电源"的要求。

16.3.1.9 双重化配置的继电保护光电转换接口装置的直流电源应取自不同的电源。单电源供电的继电保护接口装置和为其提供通道的单电源供电通信设备，如外置光放大器、脉冲编码调制设备（PCM）、载波设备等，应由同一套电源供电。

Q/GDW 11442—2015《通信专用电源技术要求、工程验收及运行维护规程》规定，为避免因单套电源故障或检修造成双重化配置的继电保护通道同时中断，故而采用不同的电源。

16.3.1.10 在双电源配置的站点，具备双电源接入功能的通信设备应由两套电源独立供电。禁止两套电源负载侧形成并联。

Q/GDW 11442—2015《通信专用电源技术要求、工程验收及运行维护规程》规定，对通信设备直流输入的接线设计应采用两套电源独立供电。

16.3.1.11 县级及以上调度大楼、地（市）级及以上电网生产运行单位、330kV 及以上电压等级变电站、特高压通信中继站应配备两套独立的通信专用电源（即高频开关电源，以下简称通信电源）。每套通信电源应有两路分别取自不同母线的交流输入，并具备自动切换功能。

为提高重要通信站电源的安全运行水平，应配备两套独立的通信专用电源，同时每套通信电源应有两路分别取自不同母线的交流输入，此处母线是指该站点用变压器交流母线，并且要求交流低压屏（盘）开关不得并接。

16.3.1.12 通信电源的模块配置、整流容量及蓄电池容量应符合 Q/GDW 11442—2015《通信专用电源技术要求、工程验收及运行维护规程》要求。通信电源直流母线负载熔断器及蓄电池组熔断器额定电流值应大于其最大负载电流。

Q/GDW 11442—2015《通信专用电源技术要求、工程验收及运行维护规程》强调对通信电源模块配置、整流容量及蓄电池容量的要求。为避免电源母线负载熔断器或蓄电池组熔断器因独立承担全站负载而熔断，对熔断器容量提出要求，熔断器额定电流值应大于其最大负载电流。

16.3.1.13 通信电源每个整流模块交流输入侧应加装独立空气开关；采用一体化电源供电的通信站点，在每个 DC/DC 转换模块直流输入侧应加装独立空气开关。

为避免出现因单个整流模块故障导致整套电源上级交流输入开关或直流输入开关直接跳开。一体化电源 DC/DC 模块不直接并接蓄电池组，未加装模块独立空气开关的情况下，模块出现故障可能直接造成整套一体化电源直流输出全部中断。

16.3.1.14 县级及以上调度大楼、省级及以上电网生产运行单位、330kV 及以上电压等级变电站、省级及以上通信网独立中继站的通信机房，应配备不少于两套具备独立控制和来电自启功能的专用的机房空调，在空调"N−1"情况下机房温度、湿度应满足设备运行要求，且空调电源不应取自同一路交流母线。空调送风口不应处于机柜正上方。

为避免重要通信站因环境温湿度变化影响设备运行，应配置 2 台空调，且 2 台空调电源取自不同的交流母线。

16.3.1.15 通信机房、通信设备（含电源设备）的防雷和过电压防护能力应满足电力系统通信站防雷和过电压防护相关标准、规定的要求。

本条文针对通信机房、通信设备（含电源设备）的防雷和过电压防护能力提出要求。

16.3.1.16 跨越高速铁路、高速公路和重要输电通道（"三跨"）的架空输电线路区段光缆不应使用全介质自承式光缆（ADSS），宜选用全铝包钢结构的光纤复合架空地线（OPGW）。

依据《国家电网公司关于印发架空输电线路"三跨"重大反事故措施（试行）的通知》（国家电网运检〔2016〕413号）要求，提出"三跨"线路的光缆配置要求。

18 防止火灾事故和交通事故

18.1.2.10 调度室、控制室、计算机室、通信室、档案室等重要部位严禁吸烟，禁止明火取暖。各室空调系统的防火，其中通风管道，应根据要求设置防火阀。

目前 110kV 变电站通用设计方案中，各室均采用独立的通风系统，通风管道不穿越其他设备间。若必须穿越，则在进入设备室前的风管上设置防火阀。

18.1.2.7 在建设工程中，消防系统设计文件应报公安机关消防机构审核或备案，工程竣工后应报公安消防机关申请消防验收或备案。消防水系统应同工业、生活水系统分离，以确保消防水量、水压不受其他系统影响；消防设施的备用电源应由保安电源供给，未设置保安电源的应按Ⅱ类负荷供电，消防设施用电线路敷设应满足火灾时连续供电的需求。变电站、换流站消防水泵电机应配置独立的电源。

110kV 变电站，室内外消防用水均储存在消防水池内，生活用水采用市政水源直供，消防用水和生活用水为两条独立的系统。

消防水泵电机在所用屏配置独立的电源。

18.1.2.8 酸性蓄电池室、油罐室、油处理室、大物流仓储等防火、防爆重点场所应采用防爆型的照明、通风设备，其控制开关应安装在室外。

蓄电池室采用防爆空调及防爆风机，具体如图 18-1、图 18-2 所示。

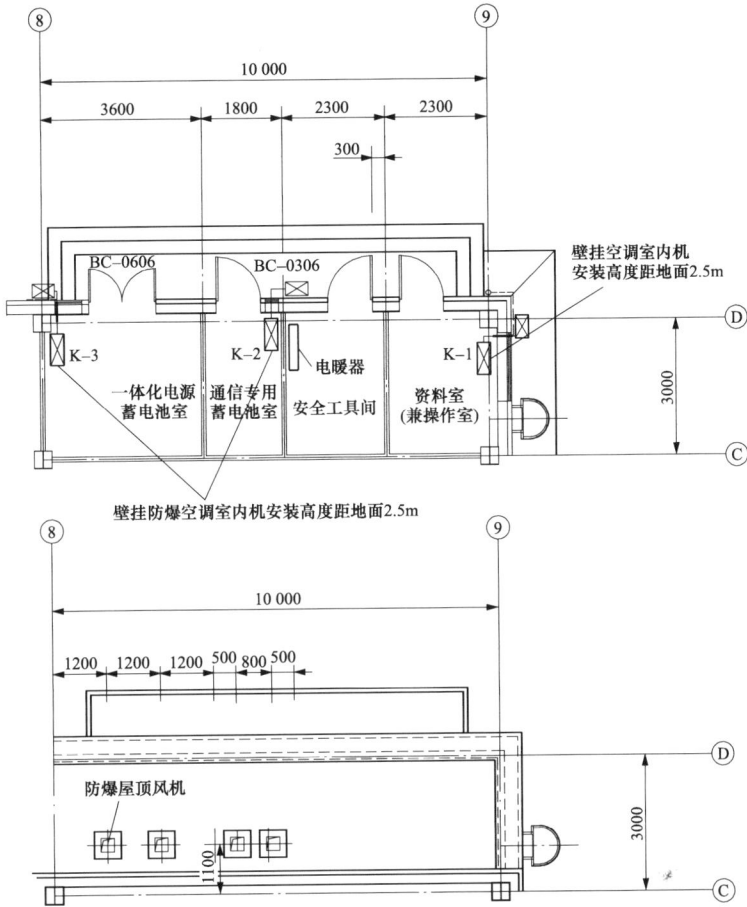

图 18-1 蓄电池室通风布置图

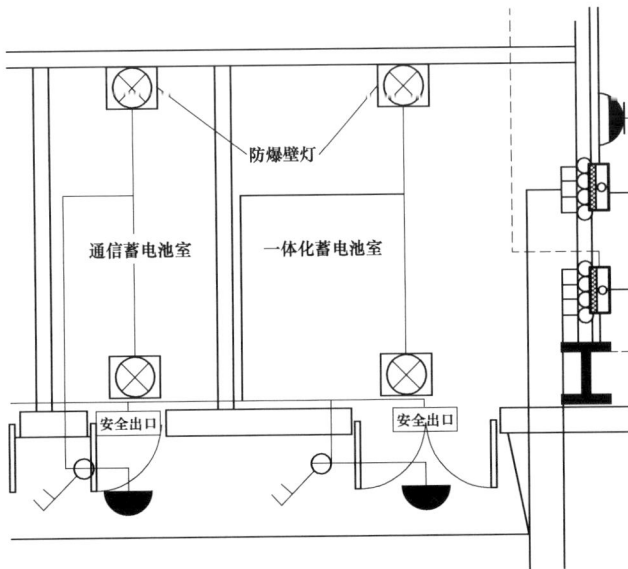

图 18-2 蓄电池室照明布置图